"十二五"国家科技支撑计划项目"气候变化国际谈判与国内减排关键支撑技术研究与应用"——课题12"碳排放交易支撑技术研究与示范"（课题编号：2012BAC20B12）与重庆市科技攻关计划项目"重庆市典型行业碳排放交易支撑技术研发与应用"（项目编号：cstc2012ggB90001）　资助

碳交易市场设计与构建
—— 以重庆为例

Tan Jiaoyi Shichang
Sheji yu Goujian

魏庆琦　雷晓玲　肖　伟　著

西南交通大学出版社
·成　都·

图书在版编目（CIP）数据

碳交易市场设计与构建：以重庆为例 / 魏庆琦，雷晓玲，肖伟著. — 成都：西南交通大学出版社，2014.8
ISBN 978-7-5643-3259-4

Ⅰ. ①碳… Ⅱ. ①魏… ②雷… ③肖… Ⅲ. ①二氧化碳－排污交易－研究－重庆市 Ⅳ. ①X511

中国版本图书馆 CIP 数据核字（2014）第 180257 号

碳交易市场设计与构建
——以重庆为例

魏庆琦　雷晓玲　肖伟　著

责任编辑	孟秀芝
封面设计	墨创文化
出版发行	西南交通大学出版社 （四川省成都市金牛区交大路 146 号）
发行部电话	028-87600564　028-87600533
邮政编码	610031
网址	http://www.xnjdcbs.com
印刷	四川川印印刷有限公司
成品尺寸	148 mm×210 mm
印张	5.25
字数	135 千字
版次	2014 年 8 月第 1 版
印次	2014 年 8 月第 1 次
书号	ISBN 978-7-5643-3259-4
定价	60.00 元

《碳交易市场设计与构建——以重庆为例》
编委名单

魏庆琦	副教授	重庆交通大学
雷晓玲	教 授	重庆市科学技术研究院
肖 伟	教 授	重庆交通大学
皮晓青	研究员	重庆市科学技术研究院
曹 竹	经济师	重庆联合产权交易所
杨 帆	研究员	重庆市科学技术研究院
黄媛媛	助理研究员	重庆市科学技术研究院
陈 垚	副教授	重庆交通大学
彭 鹃	研究生	重庆交通大学

"十二五"国家科技支撑计划项目
"气候变化国际谈判与国内减排关键支撑技术研究与应用"——课题12
"碳排放交易支撑技术研究与示范"
（课题编号：2012BAC20B12）
课题组名单

课题负责人： 雷晓玲

课题承担单位： 重庆市科学技术研究院

子课题一： 重庆市碳排放交易平台支撑技术研究及试点平台建设与示范

承担单位： 重庆市科学技术研究院

子课题负责人： 雷晓玲、杨帆

子课题组成员： 皮晓青、黄媛媛、张鹏、杨燕、熊黎丽、吴夏、黄建、何亮、高超、刘毅、蒋丽、王海燕、王海超、李昱婷、龚伟

子课题二： 碳交易试点省市经验共享与我国碳交易中长期发展战略研究

承担单位： 中国21世纪议程管理中心

子课题负责人： 张九天、仲平

子课题组成员： 郭日生、彭斯震、高新全、贾莉、王文涛、何霄嘉、周海林、孙新章、刘荣霞、王兰英、常影、秦媛、谢茜、周斌

子课题三：我国碳排放交易市场运行方案研究

承担单位：清华大学

子课题负责人：滕飞

子课题组成员：顾阿伦、王宇、周剑、杨曦、潘勋章、
张驰、哈月娇

子课题四：我国碳排放交易体系政策模拟平台与中长期发展战略研究

承担单位：中科院科技政策与管理科学研究所

子课题负责人：范英

子课题组成员：朱磊、姬强、郭剑锋、李长胜、莫建雷、
崔连标、刘明磊、段宏波、陈跃

子课题五：排放权交易特征及集成模型分析

承担单位：中科院科技政策与管理科学研究所

子课题负责人：邹乐乐

子课题组成员：王毅、眭纪纲、曲婉、肖尤丹、吴晓华、
王孝炯、王婷、郭杰

子课题六：重庆市碳排放交易现状分析与模式设计

承担单位：重庆交通大学

子课题负责人：肖伟、陈垚

子课题组成员：许茂增、秦宇、刘振、何锦峰、魏庆琦、
胡莺、孟卫军、龚科、王陆平、彭鹃

子课题七：碳排放登记簿系统研究与开发

承担单位：重庆联合产权交易所

子课题负责人：彭涛

子课题组成员：刘强、曹竹、李科

子课题八：北京碳排放交易试点研究与经验共享
承担单位：北京市可持续发展促进会
子课题负责人：叶建东
子课题组成员：章永洁、付萌、蒋建云、韩东梅、郭浩

子课题九：广东省碳排放交易支撑技术及试点研究
承担单位：广东省环境科学研究院
子课题负责人：肖荣波
子课题组成员：刘乙敏、王明旭、周健、韩瑜、张颖、张慧敏

子课题十：上海市碳排放交易试点研究与经验共享
承担单位：上海市环境科学研究院
子课题负责人：胡静
子课题组成员：汤庆合、朱环、周晟吕、戴洁、胡冬雯、
　　　　　　　李立峰、赵敏、裘季冰、蒋文燕

子课题十一：碳排放交易市场规则及保障制度研究
承担单位：北京中创碳投科技有限公司
子课题负责人：唐进
子课题组成员：唐人虎、郑喜鹏、郭伟、钱国强、金琳、杨晋、
　　　　　　　李鹏、朱娜、朱庆荣、王文强、王乐、董琳琳、
　　　　　　　盛海文、廖婧、刘璇、杨强

子课题十二：天津市区域碳排放交易支撑技术研究与效果分析
承担单位：天津大学
子课题负责人：刘金兰
子课题组成员：林盛、安旬、白寅、刘宏哲、梁经纬、王仙雅、
　　　　　　　陈丽云、王茜、张臻、魏庆刚、于伟杰、史灵

子课题十三：我国碳交易市场模拟与碳市场发展战略研究

承担单位：天津大学

子课题负责人：杨宝臣

子课题组成员：苏云鹏、海小辉、贺川、温贝贝、李甲稳

子课题十四：江苏省碳排放交易体系支撑技术的研究

承担单位：江南大学

子课题负责人：阮文权、任洪艳

子课题组成员：成小英、隋新颖、梁捷、邢晨、陈燕

子课题十五：江苏省碳排放交易方案研究

承担单位：江苏省生产力促进中心

子课题负责人：徐杰明、秦克

子课题组成员：吴瑶、程一鸣、李璇、李雪亚、沈杰、
　　　　　　　左红、姚义刚、孙逊、胡伟伟

子课题十六：天津市区域碳排放交易支撑技术研究与效果分析

承担单位：天津排放权交易所

子课题负责人：王靖

子课题组成员：金雷、邓羽腾、姜晓林、张昭贵、安丽、
　　　　　　　郭薇、蔡杨、贾睿、刘呈呈

内容简介

气候变化背景下，碳排放限制已经成为我国经济发展与人民生活水平提高的重要障碍，以提高碳排放资源利用效率和碳减排为目的碳交易成为我国未来低碳可持续发展的有效途径。虽然碳交易已经在发达国家开始实施并获得了许多宝贵的经验，但我国的碳交易市场构建才刚刚起步，仅有若干试点城市的碳交易市场开始建设，而温室气体均匀性污染物的特性决定了未来中国必须建立全国统一的大范围碳交易市场。为了达到这个目的，中国政府和企业还面临着更多的挑战。本书选择我国首批低碳经济试点城市、首批碳交易试点城市——重庆作为研究对象，结合案例分析，计量经济分析、多目标优化和智能算法等技术，对碳交易市场的设计与构建进行了分析与介绍。本书对从事碳交易与可持续发展研究与实践的政府规划管理人员、科研机构人员、高等院校相关专业的教师等具有一定的参考价值。

致　谢

感谢"十二五"国家科技支撑计划项目"气候变化国际谈判与国内减排关键支撑技术研究与应用"——课题 12"碳排放交易支撑技术研究与示范"（课题编号：2012BAC20B12）以及重庆市科技攻关计划项目"重庆市典型行业碳排放交易支撑技术研发与应用"（项目编号：cstc2012ggB90001）对本书的大力支持。

前　言

　　近年来，气候变化问题已经成为全球性的重要议题，"气候变化""碳排放""碳交易"等专业词汇频频出现在政府规划、企业报告甚至大众媒体中，引起了各行各业人士的广泛关注。为了在继续发展经济的同时，减少温室气体排放对气球气候的影响，中国正在积极采用各种手段促进碳减排，而碳交易市场的构建正是其中一种重要手段。目前，我国已经在北京、上海、广州和重庆等低碳试点城市开展了区域性碳交易市场的设计、建设和运作，作为未来构建综合性全国碳交易市场的理论和实践基础。

　　本书以重庆市为例，对碳交易市场的设计与构建进行了详细的分析与探讨。在结构上，本书共分为五章：第一章在介绍碳交易相关背景和概念的基础上，对全球主要碳交易体系进行了对比与分析，并简单展示了国内碳交易试点的进展情况。第二章主要分析碳交易市场设计中重要的总量分配问题。根据我国目前低碳试点建设的特征，为了完成碳减排任务，通常采用两种分配方式，一是将低碳试点的碳减排任务分配到试点城市辖区内二级行政区域；二是在试点区域内选择部分行业和企业作为碳交易的主体。因此，第二章主要从区域分配和企业分配两方面进行总量分配设计。在设计区域分配时，强调了公平性；在企业分配时，同时强调了效率、公平和生产连续性等因素，进行了多目标优化分配。第三章对重庆市工业行业的碳排放资源利用效率进行了分析，是选择碳交易市场交易主体的实证基础。首先分析了工业能耗相关碳排放量变化的驱动因素及其影响力，其次对于重庆市不同工业行业的碳排放资源利用效率进行了比较与聚类，最后对重庆市工业碳强度分布的差异与收敛性变化进行了研究。第四章在分析重庆市碳交易经验的基础上，对重庆市碳交易管理体系和碳交易信息化平台进行了设计。第五章在前面章节的基础上，分别针对重庆市建设碳交易市场和中国构建统一的碳交易市场提出了相应的政策建议。

　　本书的出版，不但得到了设于重庆交通大学的重庆市重点学科"管理科学与工程"的大力支持，而且得到了重庆市科学技术研究院领导和专家的支持与帮助。西南交通大学出版社的各位编辑为本书的顺利出版做出了大量细致的工作，在此一并感谢。由于碳交易市场仍然是一个新兴的市场，缺少运行的数据，同时碳交易市场自身具有相当的系统性和复杂性，加之作者自身水平有限，书中难免存在不足之处，恳请广大读者批评指正。

作者

2014 年 4 月

目　录

第一章　碳交易模式与
碳交易市场体系

气候变化被列为全球十大环境问题之首。随着工业化过程中温室气体的排放，温室效应带来的极端气温、水灾、旱灾等异常气象已发展到不容忽视的程度，温室效应成为制约世界各国经济活动开展的重要因素。关注温室效应及相关问题，积极寻求对策减少碳排放，各国对此都已达成共识。在此背景下，减少碳排放、缓解气候变暖已成为全球关注的环境问题。由于人类活动碳减排的紧迫性日益提升，而碳排放又是人类活动不可缺少的资源，因此，为了提升碳排放资源的配置效率，"碳交易"这一基于市场的碳排放资源优化手段应运而生。

第一节　碳交易简介

碳交易是为促进全球温室气体减排、减少全球二氧化碳排放所采用的市场机制，该机制把二氧化碳排放权作为一种商品进行交易。碳交易的基本原理是，合同的一方通过支付另一方获得温室气体减排额，买方可以将购得的减排额用于减缓温室效应从而实现其减排的目标。在六种被要求减排的温室气体中，二氧化碳（CO_2）为最大宗，所以这种交易以每吨二氧化碳当量（tCO_2e）为计算单位，通称为"碳交易"，碳交易的市场称为碳交易市场（Carbon Market）。碳排放交易是基于《联合国气候变化框架公约》及《联合国气候变化框架公约的京都议定书》（简称《京都议定书》）对各国分配碳排放指标的规定，依法创设出来的一种虚拟交易，是实现低成本减排的一条有效路径。根据《京都议定书》的约定，一共产生了 3 种碳交易，分别是：第六条所确立的联合履行（简称 JI）、第十二条所确立的清洁发展机制（简称 CDM）以及第十七条确立的排放贸易（简称 ET），而 CDM 是发展中国家广泛参与的一种。1997 年通过的《京都议定书》对 39 个工业化国家的排放做出了限制，要求 2008—2012 年 CO_2 等 6 种温室气体的排放量要比 1990 年减少 5.2%。由于发达国家的能源利用效率高，能源结构优化，新的能源技术被大量采用，因此他们进一步减排的成本高，难度较大。而发展中国家能源效率低，减排空间大，成本也低。这导致了同一减排量在不同国家之间存在着不同的成本，形成了价格差。发达国家有需求，发展中国家有供应能力，CDM 交易市场由此产生。

2005 年《京都议定书》正式生效后，全球碳交易市场出现了爆炸式的增长；近年来，国内关于开展碳交易的讨论和试点工作也日渐升温。2011 年德班气候大会通过决议，建立德班增强行动平台特设工作组，决定实施《京都议定书》第二承诺期并启动绿色气候基金；会议进一步明确了《京都议定书》的第二承诺期，并启动了 2020 年后国际社会减排行动的谈判进程。2012 年多哈气候大会通过了包括《京都议定书》修正案在内的一揽子决议，要求发达国家在 2020 年前大幅减排并对应对气候变化增加出资，《京都议定书》第二承诺期将于 2013 年开始实施，这将进一步助推全球碳交易市场的发展。

从经济学的角度看，碳交易遵循科斯定理，即以二氧化碳为代表的温室气体需要治理，而治理温室气体则会给企业造成成本差异；既然日常的商品交换可看作一种权利（产权）交换，那么温室气体排放权也可进行交换，由此，借助碳排放权交易便成为市场经济框架下解决污染问题最有效率的方式。这样，碳交易把"气候变化"这一科学问题、"减少碳排放"这一技术问题与"可持续发展"这一经济问题紧密地结合起来，以市场机制来解决这个涉及科学、技术、经济的综合问题。在环境合理容量的前提下，包括 CO_2 在内的温室气体的排放行为要受到限制，由此导致碳排放权和减排量额度（信用）开始稀缺，并成为一种有价产品。由于同一减排单位在不同实体之间存在着不同的成本差异，通过引入碳排放交易的市场机制，可以在全社会实现低成本减排和污染治理的目的。

依据类型来划分，目前全球碳排放交易市场可分为以项目为基础的市场和以配额为基础的市场[1]。根据世界银行发布的《2012 全球碳交易市场发展趋势报告》，2011 年全球碳交易总量为 102.8 亿吨二氧化碳当量，交易额已达到 1 760 亿美元，其中，以项目为基础的市场份额占 15.4%，以配额为基础的市场份额占 84.6%。世界银行预计，到 2020 年，全球碳排放交易额将达到 3.5 万亿美元，碳交易市场或将与石油市场并列成为最大的资源交易市场。

第二节　全球主要碳交易体系

目前，全球除中国外有 20 多个碳交易平台，分布在欧洲、北美、亚洲以及南美洲。根据标准的不同，碳交易市场中较通用的产品如欧洲排放额度（EUA）、核证减排量（CERs）、排放削减单位（ERUs）、自愿交易减排量（VERs）都可以在这些平台中进行交易。在碳交易市场构架下，全球形成了欧洲市场（以欧盟排放交易体系 EU ETS 为主）、北美市场（以美国、加拿大的区域市场为主）、大洋洲市场（以澳大利亚、新西兰为主）、亚洲市场（以日本、韩国、印度为代表）、南美市场（以墨西哥、巴西为代表）

---

[1]　根据研究需要，本研究主要针对以配额为基础的碳交易市场进行分析，而不是以项目为基础的碳交易市场（如 CDM、JI 等）。

等主要碳排放交易市场，建立了多元的交易平台。

一、欧洲市场（以欧盟排放交易体系 EU ETS 为主）

欧洲一直是全球应对气候变化的主要推动力量。为保证欧盟各成员国实现《京都议定书》所规定的减排目标，欧盟出台了一系列温室气体减排政策和措施，尤以构建温室气体排放交易体系最为著名。欧盟排放交易体系（European Union Emission Trading Scheme，EU ETS）是迄今为止世界上规模最大、最成功的温室气体排放交易制度实践。在 EU ETS 运行之前，欧洲有四个非常重要的碳排放交易体系实践，包括：英国排放交易体系（United Kingdom Emissions Trading Scheme，UK ETS）、丹麦二氧化碳交易体系（Danish CO_2 Trading System）、荷兰碳抵消体系（Dutch Offset Programs）以及英国 BP 石油公司内部排放交易试验（BP's Internal Experiment with Emissions Trading）。

欧盟温室气体排放交易体系 EU ETS 在《欧盟 2003 年 87 号指令》下于 2005 年 1 月 1 日起开始运行，参与国主要为欧盟 28 个国家。该体系属于总量上限交易（Cap - and - Trade）体系。该体系对成员国设置排放限额，要求各国排放限额之和不超过《京都议定书》承诺的排量。排放配额的分配综合考虑成员国的历史排放、预测排放和排放标准等因素。EU ETS 涵盖超过 11 500 个排放源，这些排放源占欧洲二氧化碳排放的 45%（EU ETS 第一阶段减排不包括非二氧化碳的温室气体，这部分占欧洲总排放的 20%）。限排的行业主要是电力生产行业和能源密集型行业。该交易体系分三阶段实施，第一阶段为 2005—2007 年；第二阶段为 2008—2012 年；第三阶段为 2013—2020 年。

欧盟排放交易体系 EU ETS 于 2005 年 1 月 1 日启动，采用总量上限与配额交易模式，对各成员国设置排放限额，要求各国排放限额之和不超过《京都议定书》承诺的排量。EU ETS 分三个阶段实施，每个阶段的覆盖范围、减排目标和交易细节均有所不同。其中：

（1）第一阶段为 2005—2007 年，是欧盟排放交易体系的试验阶段，覆盖欧盟 25 国。该阶段的目标是完成《京都议定书》所承诺目标的 45%，管制气体为 CO_2，参与行业主要包括能源供应、石油提炼、钢铁、建材、造纸等，涵盖 11 400 个设施，占欧盟排放总量的 46%；初始分配主要采用祖父法则，允许各国最大拍卖份额为 5%，超标罚款为 40 欧元/吨。

（2）第二阶段为 2008—2012 年，是完成《京都议定书》所承诺目标的关键阶段。该阶段的目标是在 2005 年水平上减排 6.5%；范围涵盖欧洲 30 国，且涵盖设施范围扩大；电力行业不能免费得到所有配额；允许各国最大拍卖份额为 10%，超标罚款上升为 100 欧元/吨；该阶段引入了储蓄（banking）机制和补偿（offset）机制，并首次考虑将航空业纳入减排体系。

（3）第三阶段为 2013—2020 年，其目标是从 2013 年至 2020 年，排放总量每年以 1.74% 的速度下降，实现在 1990 年水平上减排 20%；从 2013 年起，电力行业不能免费得到配额，其他行业获得配额的拍卖比例从 2012 年的 20% 逐渐提高到 2027 年的 100%，该阶段新增了化工、制氨、制铝等行业，管制气体增加了 N_2O 和 PFCs，并将 6 种温室气体的收集、存储纳入该体系。

根据世界银行的报告，自 2004 年起，EU ETS 的碳交易量和交易额逐年攀升（见表 1.1），2011 年 EU ETS 的碳交易量为 78.53 亿吨，占全球市场的 76.38%；交易额为 1478.48 亿美元，占全球份额的 83.99%。

表 1.1　2004—2011 年 EU ETS 碳交易市场情况[①]

EU ETS	2004	2005	2006	2007	2008	2009	2010	2011
交易量/百万吨	8.49	322.01	1 104	2 061	3 093	6 326	6 789	7 853

① 表 1.1 中统计的 EU ETS 交易量和交易额只包含配额市场中 EUA 的交易，不包含项目市场中 CER、ERU 的交易数据。

续表 1.1

EU ETS	2004	2005	2006	2007	2008	2009	2010	2011
交易额/百万美元	—	8 220.16	24 436	50 097	100 526	118 474	133 598	147 848

资料来源: *State and Trends of the Carbon Market* 2006 – 2012, World Bank.

二、北美市场（以美国、加拿大的区域市场为主）

作为温室气体排放大国之一，美国尚未形成覆盖全国的温室气体减排计划及交易体系。然而，美国国内的部分州和地区已经建立或正在探索建立一些区域性的温室气体减排计划及交易体系，即在部分地区或部分行业内进行的碳交易。已正式启动的交易体系中，具有代表性的主要包括区域温室气体减排行动（Regional Greenhouse Gas Initiative，RGGI）和西部地区气候行动倡议（Western Climate Initiative，WCI）。

（一）美国区域温室气体减排行动（RGGI）

1. RGGI 概况

美国区域性温室气体倡议（RGGI）是一个区域性的、强制性的、基于市场方法的集合美国东北部和中大西洋 10 个州，共同努力限制温室气体排放的计划和减排体系。这 10 个州分别是康涅狄格州、特拉华州、缅因州、马里兰州、马萨诸塞州、新罕布什尔州、新泽西州、罗得岛州、纽约州和佛蒙特州，这些州共同实行在电力部门总量排放限制，这 10 个州的 GDP 总和约占美国 GDP 总量的 20%。该计划于 2009 年 1 月 1 日起正式实施，覆盖涉及区域内所有发电量 25 兆瓦及以上的化石燃料发电厂，要求到 2018 年实现碳排放减少 10% 的目标。RGGI 是美国首个强制性、采用市场机制实施的温室气体减排计划。该计划的履约主体包括区域内装机容量大于等于 25MW 的约 233 家化石燃料电厂。

RGGI 的温室气体减排目标是：到 2018 年，RGGI 涉及区域内

电厂的碳排放量较 RGGI 实施初期的 2009 年下降 10%，即由
1.705 亿吨减少到 1.535 亿吨。整个 RGGI 计划分为两个阶段：第
一阶段为 2009—2014 年，主要是稳定碳排放总量保持在 2009 年
的水平；第二阶段为 2015—2018 年，排放总量每年减少 2.5%。
其中，第一阶段又分为两个 3 年履约期，第一个履约期自 2009 年
1 月 1 日至 2011 年 12 月 31 日。

　　RGGI 是美国第一个强制性的、市场驱动的二氧化碳总量控制
与交易体系，是全世界第一个拍卖几乎全部配额的交易体系。根
据世界银行的报告，RGGI 自 2008 年开展碳交易来，2009 年的交
易量和交易额达到顶峰，之后逐年下降（见表 1.2）。2011 年 RG-
GI 的碳交易量为 1.2 亿吨，占全球市场的 1.17%；交易额为 2.49
亿美元，占 0.14%。

表 1.2　2008—2011 年 RGGI 碳交易市场情况

（单位：百万吨、百万美元）

碳交易市场	2008		2009		2010		2011	
	交易量	交易额	交易量	交易额	交易量	交易额	交易量	交易额
RGGI	62	198	805	2 179	210	458	120	249

　　资料来源：*State and Trends of the Carbon Market* 2010 - 2012，World
Bank.

　　RGGI 交易体系中，各成员可自行拍卖其 60% ~100% 的排放
权，然后拿出 74% 的平均拍卖收入，投入到能效与清洁能源活动
方面的项目。但是 RGGI 市场目前面临碳信用供应过量的情况，
在 2011 年 9 月，4 219 万吨碳信用只有 18% 以 1.89 美元/吨的法
律规定最低价成交。目前 RGGI 拍卖底价为 1.93 美元/吨。从长远
来看，RGGI 有意对碳信用的补贴预算进行调整，以提高碳价和项
目收入。

　　2. RGGI 的运作机制

　　RGGI 是一个总量控制与交易（Cap and Trade）体系。整个体

系大致包含五个主要环节：① 设置温室气体排放的总量控制目标（即温室气体排放上限）。② 根据排放上限发行等量的碳排放配额，1 份配额允许排放 0.907 吨 CO_2。③ 将发行的碳排放配额分配到各个电厂，通过配额的分配，将总量控制目标分解到了各个电厂。④ 电厂持有的配额可以在二级市场交易，这种交易为电厂提供灵活、高效的履约手段。⑤ 在履约期结束时，根据电厂的实际碳排放量及配额持有数量进行考核，电厂必须确保持有的配额数量不少于其实际碳排放量，否则将会受到惩罚。

RGGI 碳排放配额的初始分配分为两个层次：一是将整个区域的配额分配到各州，二是将各州的配额分配到各电厂。配额在各州之间的分配基于各州历史碳排放量，并根据用电量、人口、预测的新排放源以及协商情况等因素进行调整。在各州内，碳排放配额采取拍卖的方式分配到各电厂，拍卖的每份配额均标注生效年份，其有效期从生效年份开始，允许储存；每次拍卖设定最低价格，每笔拍卖的最低数量为 1 000 份配额，单个竞拍者至多可购买本次拍卖提供配额数量的 25%；拍卖交易的平台为 World Energy Solutions 开发的在线电子交易平台——CO_2 配额跟踪系统（CO_2 Allowance Tracking System，CO_2 ATS）。

RGGI 设计了抵偿（Offset）机制，允许电厂购买一部分其他行业的碳减排量，以完成自身的减排任务。该机制为提供抵偿来源的项目带来了显著的环境和经济效益，同时也增强了电力行业完成碳减排任务的灵活性。抵偿的注册和交易也在 COATS 系统进行。

目前，允许采用的抵偿来源包括：① 垃圾填埋场甲烷气体的收集和销毁；② 减少输电和配电装置中的 SF6 排放；③ 植树造林吸收的 CO_2；④ 减少或避免建筑行业天然气、石油或丙烷燃烧排放的 CO_2；⑤ 通过加强农业化肥管理，避免甲烷排放。此外，在极端情况下（如碳排放配额价格过高），国际上的 CDM 项目也可作为抵偿的来源。RGGI 规定，使用抵偿的数量不得超过电厂履约义务的一定比例。

RGGI 各州选定一个专业的独立市场监管机构，如 Potomac Economics，负责监管一级市场拍卖及随后的二级市场活动。监管内容包括：识别配额拍卖市场和二级市场是否存在行使市场力、勾结，或者以其他方式操纵价格的行为；对市场规则的修改提出建议，以改善 RGGI 配额市场的效率；评估拍卖的操作是否符合规则和程序。

（二）西部地区气候行动倡议（WCI）

WCI（Western Climate Initiative）是指 2007 年 2 月由亚利桑那州、加利福尼亚州、新墨西哥州、俄勒冈州、华盛顿州签署的《西部地区气候行动倡议书》，其努力建立一个跨州的、基于市场的、以减少区域内温室气体排放为目标的，对温室气体排放进行注册和管理的温室气体减排计划。之后，加拿大的哥伦比亚省、曼尼托巴省、安大略省、魁北克省以及美国的犹他州、蒙大拿州相继加入。

WCI 设有 6 个委员会和 1 个模型组，分别为：报告委员会，发展温室气体排放的报告系统，支持 WCI 的总量控制，确保 WCI 管理者收到及时准确的碳排放的数据；总量控制和许可分配委员会，为设定区域总量减排额和成员州管理当局的碳预算提供方法学；市场委员会，指导一个健全透明的许可和 Offset 信用的交易的市场的发展和运转；电力委员会，负责处理整个电力行业在 WCI 总量控制与交易体系中的相关问题；Offset 委员会，提出 Offset 设计和运转的建议；辅助政策委员会，采取其他的政策配合总量控制，促进碳交易政策以更有成本效益的方法达到温室气体减排目标；经济模型任务组，负责为 WCI 总量控制和交易体系的政策设计提供经济分析。

WCI 的行业范围覆盖了几乎所有的经济部门，具体标准是：① 以 2009 年 1 月 1 日之后最高的年排放量为准，任何年度排放超过 2.5 万吨 CO_2 当量的排放源均是 WCI 的管制对象（扣除燃烧合格的生物质燃料产生的碳排放量）；② 任何 WCI 区域覆盖范围内第一个电力输送商，只要其 2009 年 1 月 1 日之后的年碳排放量超过 2.5 万吨，均需纳入 WCI 管制体系；③ 从 2015 年起，WCI 覆盖区域内提供液体燃料运输的运输商以及燃料供应商，只要其提供的燃料燃烧后产生的年碳排放量超过 2.5 万吨，也需纳入 WCI 管制体系。

WCI 覆盖六种温室气体，其设定的减排目标为：到 2020 年，在 2005 年的基础上减排 15%。预计到 2015 年，WCI 将覆盖区域范围内碳排放总量的 90%。由于 WCI 吸取了 EU ETS 和 RGGI 的经验教训，设立了最严格的总量上限，同时拒绝了可大量供给的 CDM 碳信用，能够确保 WCI 市场中的碳价格处于相对较高的水平。

WCI 于 2012 年 1 月 1 日生效，但 WCI 区域范围内并不是所有的州、省均从 2012 年起加入该交易体系，目前的参与方是美国加利福尼亚州和加拿大魁北克省。根据世界银行的报道，2011 年加州的碳交易量（CCA）为 400 万吨，交易额为 6 300 万美元。

三、其他国家的排放交易体系

（一）澳大利亚的碳排放交易体系

澳大利亚新南威尔士温室气体减排体系（NSW Greenhouse Gas Abatement Scheme，GGAS）是世界上最早的强制减排交易体系，正式开始于 2003 年 1 月 1 日，致力于减少新南威尔士州管辖范围内与电力生产和使用相关的碳排放，是世界上唯一的"基线信用"（Baseline and Credit）型强制减排体系。自 2003 年 GGAS 运行以来，截至 2009 年年底，GGAS 共产生 1.25 亿份减排证书。2004—2009 年 GGAS 的交易情况见表 1.3。

表 1.3　2004—2009 年 GGAS 碳交易市场情况

GGAS	2004	2005	2006	2007	2008	2009
交易量/百万吨	5.02	6.11	20	25	31	34
交易额/百万美元	—	57.16	225	224	183	117

资料来源：*State and Trends of the Carbon Market* 2006 – 2010，World Bank.

　　2012 年 8 月，澳大利亚与欧盟发布了关于同意对接双方碳排放交易体系的协议。该协议包括两个关键步骤：第一，双方的碳交易体系将于 2015 年 7 月 1 日开始对接，即澳大利亚接受欧盟碳配额，正式取消碳交易体系中的 15 澳元底价，澳大利亚的碳排放价格将与欧盟一致，而未来澳大利亚的碳排放企业有权从国际市场上购买最多相当于其排放总量一半的排放额度，其中仅有 12.5% 的排放额度需符合联合国《京都议定书》中的相关规定，包括 CERs（经核证减排量），ERUs（减排单位）和 RMUs（清除单位）。第二，2018 年 7 月 1 日前彻底完成对接，即双方互认碳排放配额。

　　澳大利亚与欧盟所签订新的协议将涵盖五点关键政策方针：双方互认的碳排放测量、报告和核查规范；可以被两国碳交易市场接受的第三方机构的类型、数量以及其他相关方面；基于土地利用的国内碳抵消项目的作用；用以帮助欧洲和澳大利亚应对由于行业竞争产生的碳泄露风险；具有可比性的市场监管制度。按照新达成的协议，澳大利亚与欧盟两地的排放价格将同样有效。从 2015 年起，澳大利亚碳排放企业将允许购买欧盟国家的碳排放配额，但须经过 3 年试验后，欧盟国家才能在 2018 年购买澳大利亚的碳排放额度。另外，新的协议并不会改变澳大利亚政府对家庭的补贴政策。欧盟与澳大利亚这一举动意味着澳大利亚企业将因此得以进入世界最大的碳排放交易市场。

（二）新西兰的碳排放交易体系

为履行《京都议定书》的相关承诺，2008年，新西兰建立了欧洲之外的唯一国家性碳交易体系——新西兰碳排放交易体系（New Zealand Emissions Trading Scheme，NZ ETS），其目的是以一种低成本方式履行新西兰的减排责任，同时促进国内企业和消费者行为模式的低碳化，鼓励清洁技术和可再生能源的投资，扩大森林面积，加强清洁绿色品牌的国家形象建设。该交易体系从2010年开始正式实施，以期实现到2020年将新西兰本国温室气体排放在1990年基础上减少10%~20%。

NZ ETS的管理机构是新西兰的经济发展部，新西兰政府计划在2008—2015年的7年时间内，将国内所有部门逐步纳入排放交易体系，包括林业、交通、渔业、电力、工业加工、废物处理及农业等部门。2008年1月林业被最先纳入交易体系。经济发展部负责NZUs（新西兰排放单位）的分配和回收，所有参与方均拥有独立账户，交易记录保存于新西兰排放注册系统（New Zealand Emissions Unit Registry，NZEUR）。参与方须如实上报温室气体的排放量或清除量，并缴纳或获得与之对应的NZUs。政府会根据企业的特征和抗影响力的强弱预先分配部分的免费排放配额NZUs，规定每单位NZUs的交易价格固定为25新西兰元，同时指定2010—2012年为过渡期，过渡期内政府将对CO_2排放量的一半进行补偿，即每单位NZUs的排放成本为12.5新西兰元。2012年7月，新西兰政府表示，过渡期将延长至2015年，避免在目前经济不景气的情况下带给新西兰企业太大的压力。此外，政府还表示在2015年之前不会把农业纳入碳排放交易体系之内。新西兰和澳大利亚都表示，他们最早会在2015年将两国的碳交易机制实现互联。

根据世界银行的统计数据，2010年新西兰碳排放交易体系的交易量为700万吨，交易额为1.01亿美元；2011年碳排放交易体系的交易量为 2 700 万吨，交易额为 3.51 亿美元。

（三）日本的碳排放交易体系

日本环境省于 2005 年规划建立了自愿性碳排放交易体系——日本自愿性排放交易体系（Japan Voluntary Emissions Trading Scheme，JVETS），到目前为止，日本共建有自愿性排放交易体系、自愿碳减排市场、国内信用体系、东京排放交易制度等四种碳排放交易机制。

2003 年日本作为 JVETS 的试点，曾实施过一年的国内排放交易先行计划，共有 31 家企业参与该计划，设立了绝对目标、相对目标、绝对减量目标三种减排方式待企业选择，最终有 27 个企业完成减排目标，有 16 个企业通过购买配额完成目标任务，交易量为 240 万吨 CO_2 当量，为今后的碳排放权交易制度建设积累了经验。

2005 年 4 月，日本开始正式实施 JVETS，仍采用自愿参与的机制，交易标的是 CO_2，规制对象为两种类型：一是减排目标的参与者，该类型参与者将与政府约定一定的减排量，利用节能装备或替代能源减排，政府提供补助金，到 2006 年年底共有 61 家企业参与，2008 年增加到 200 家企业；二是排放交易参与者，通过在电影票环境登记设立账户参与交易，设有政府的设备补助金或排放配额。参与者自己确定减排目标，基准年以过去 3 年的平均值为准，自愿参与厂商要提出下一年度的预计减排量、能源使用效率、可再生能源设备费用及成本，第一期于 2005 年 10 月前完成基准年排放量论证，2006 年 4 月分配配额。这一机制与京都机制接轨，企业自 2003 年起从世界各地购买碳排放权，在 CDM 的购买中占到 11.6% 左右。

在《联合国气候变化框架公约》第 17 次缔约方会议（COP17）上，日本确定不参加《京都议定书》第二承诺期，但日本也承诺到 2020 年将根据《哥本哈根协议》减排 25%，作为其减排战略的一部分，日本将通过 BOCM（Bilateral Offset Credit Mechanism）机制支持发展中国家减排，以此来抵消日本的碳排放。

日本核泄漏事故发生后，日本国内核电站全部停止运营。2012 年 5 月，日本能源与环境省通过了《2030 能源与环境结构》草案，草案模拟了到 2030 年核电在总发电量中所占比例为 0、15% 以及 20% 至 25% 的情景下日本的碳排放量，研究显示，如果不采取其他的减排措施，日本将无法完成其减排目标。

BOCM（Bilateral Offset Credit Mechanism）本质上是基于项目的碳减排，它类似于 CDM，被认为是 CDM 的有益补充。BOCM 由联合委员会管理，联合委员会由日本政府以及东道国组成。日本政府计划在 CDM 方法学的基础上开发适应 BOCM 机制的新的方法学。2012 年 8 月 24 日，日本公布了 MRV 相关情况，强调 MRV 要简单实用，能加速低碳产品、技术和服务的发展。

BOCM 于 2013 年启动，预计第一个项目将来自印尼。在《京都议定书》第一承诺期，日本共购买 1 亿吨碳信用指标，相当于日本 1990 年排放量的 1.6%。在日本经济联合团体自愿减排计划下，日本工业企业共购买 2 亿吨碳信用指标来抵消企业排放量。目前，BOCM 项目产生的碳信用指标的潜在买家包括日本政府、未来的碳交易体系以及日本经济联合团体自愿减排计划。

（四）印度的节能证书交易计划

印度从 2008 年 4 月开始进行碳交易，是最早建立真正场内碳交易市场的发展中国家。印度借鉴欧洲的经验，积极发展碳交易二级市场，为节能减排和发展清洁能源提供更多资金来源，形成一种自下而上的民间管理模式。目前，印度已经有两个交易所推出了碳金融衍生品交易，一是多种商品交易所（MCX）已推出的欧盟减排许可（EUA）期货和 5 种核证减排额（CER）期货；二是印度国家商品及衍生品交易所（NCDEX）2008 年 4 月推出的

CER 期货。2008 年 8 月，欧洲公司购买的碳排放总量中，已有 1/3 来自印度，约为 700 万吨。

印度政府于 2012 年 3 月开始实施节能证书交易计划（Perform Achieve and Trade Scheme，PAT），PAT 计划中包括了 8 个部门的 500 个设施，以每吨石油当量（a Metric Tonne of Oil Equivalent，MTOE）为单位的 ESCert 是实际能源的节省量，该计划的起始规模相当于每年排放 10 万吨二氧化碳（很多大中型设施未包含在该计划中，PAT 的规模也远小于 EU ETS）。在第一个三年规划以后，减排目标增加到 3%，即每年减排 3 万吨二氧化碳。

与 EU ETS 不同，PAT 的下游不会享受上游的成果，不会造成节能量的"重复计算"。PAT 的优势是可包括电力供应部门和需求部门。同时 PAT 鼓励在工业区开发分布式可再生能源。

印度政府采取技改项目结束后给予能效认证的配额，一旦实现并认证了节能量，配额认证的风险将变小，并且事后认证的份额及节能量比能源用量小，这样更易于管理。但是其缺点是在能效计划施行的初期，节能量交易的市场的定价和流动性可能不好。PAT 的市场发行量预测为 7 万~10 万 ESCerts，应该不会由于供应过量而造成价格偏低。在 PAT 的初期阶段，不会排除金融系统的介入。

（五）韩国的碳排放交易体系

2012 年 5 月韩国国会通过《碳交易体系法案》，将于 2015 年 1 月 1 日起在国内实行碳交易。该法案于 2012 年 11 月 15 号完成公开听证，当时预计 2013 年发布详细的技术细节。

韩国是亚洲地区第四大经济体，作为出口导向型的经济体，韩国 98% 的能源依赖进口。韩国是世界上第五大石油进口国，是第二大液化天然气（LNG）的进口国。能源进口的依赖性使得韩国易受到不稳定的能源价格的冲击。为回避这种潜在的危险，韩国前总统李明博于 2008 年 8 月宣布了"低碳、绿色增长"的国家战略。2010 年的《绿色发展法案》及伴随之后的总统令成为该战略的保障。

在此之前，韩国的特定经营实体就已经有温室气体减排责任，即 2012 年 1 月 1 日进入全面运作的排放目标管理体制。该体制原本是为了向全经济体范围的排放贸易体系的顺利过渡而制定的。该体制的覆盖范围是超过特定的排放量（能源使用量）临界值的实体。政府制定了温室气体减排行业标准，不合规的企业要受到惩罚。该体制在韩国国家温室气体清单体系的支持下，受韩国温室气体清单和研究中心的监管。

韩国的碳排放交易体系构架分五个方面。

（1）时间阶段：第一阶段（2015—2017）；第二阶段（2018—2020）；第三阶段（2021—2026）。

（2）覆盖范围：任意合规年份中，企业排放超过 1.25 万吨 CO_2e 或者单一设施排放超过 2.5 万吨 CO_2e 为交易主体，大约包含 460 个经营实体。覆盖行业预计包括大型电力生产、制造和运输以及国内航空业，占据韩国总排放的 60%。

（3）减排目标和交易总量：2020 年排放在预计水平上减少 30%，交易法案要求相关企业向交易管理委员会提交年排放量。免费配额发放根据企业过去三年的实际排放乘以交易计划中规定的特定行业和阶段的分配百分比，即第一阶段，配额 100% 发放；第二阶段配额 97% 发放；第三阶段配额 90% 发放。

（4）合规：在每个合规年结束后的 6 个月内，责任主体要上缴上一合规年的排放量；在这一时间段内，该主体的免费配额将会被取消。若不按时上缴排放量，责任主体将会面临 3 倍于该合规年市场平均价格的罚款，最高罚款将为 88 美元/CO_2e。交易前两个阶段，责任实体不得使用国际抵消信用，但可使用韩国的 CDM 项目产生的 CER 以及森林碳汇的抵消信用；第三阶段可以使用国际碳抵消信用，但是使用额度不得超过 10%。

（5）森林碳汇：《碳汇法案》是韩国低碳绿色发展战略的第二大主要分支，预计于 2013 年 2 月实施。该法案将韩国的森林部门并入减排交易体系，是国内重要的碳抵消信用来源。该法案建立了森林碳抵消项目，允许从造林和再造林产生碳信用；建立了森林碳登记制度与抵消登记并行。具体森林项目类型预计在年末的总统令中明确指明。该项目将由森林碳中心管理，受韩国森林服务处的监管。

尽管目前国际碳交易市场十分低迷，但从长远来看，应对全球气候变化、持续推进国际碳交易市场发展的大趋势是不变的。未来一段时间，国际碳交易市场建设将以局部市场为主，且交易价格将持续低迷。在碳交易市场建设上，当前难以形成全球性的碳交易市场，主要以区域性的碳交易市场建设为主，如欧盟碳交易市场、美国 RGGI、新西兰碳交易体系（NZ ETS）以及正在建设的澳大利亚碳交易市场和中国碳交易市场。墨西哥与韩国也分别通过了综合性的气候法案，为未来的市场化机制打下了基础。世界碳交易市场的未来发展，值得我们进一步关注。

另外，除了欧洲、北美等主要碳排放交易市场外，墨西哥、巴西、白俄罗斯、智利、哥伦比亚、哥斯达黎加、印度尼西亚、约旦等国家也在积极推进碳交易市场建设。

此外，中国也在积极推进国内或地区的碳交易市场建设。2011 年 11 月，国家发展和改革委员会（以下简称"发改委"）下发了《关于开展碳排放权交易试点工作的通知》，北京、上海、天津、重庆、湖北、广东和深圳成为碳排放交易的试点省市，并于 2013 年正式启动试点。"十二五"期间主要是做好试点工作，探索和积累经验，"十三五"将进一步扩大试点范围，逐步建立全国性的碳交易市场。

第三节　主要碳交易市场的对比

碳交易市场是建立在排放交易体系基础上的，不同的排放交易体系在运作模式、参与意愿、覆盖区域、覆盖行业等方面具有显著差异；而排放交易体系决定了碳交易市场的类型。表 1.4 是对全球主要碳交易市场交易体系的对比分析。

总体来看,目前全球碳排放市场的结构可以分为以项目为基础的市场和以配额为基础的市场两大类,两个市场在交易模式与机制设计方面具有显著差异,是完全不同的碳交易市场类型。其中,以项目为基础的市场主要指京都机制下的清洁发展机制(CDM)项目和联合履约(JI)项目以及非京都机制下的温室气体自愿减排项目。以配额为基础的市场的碳排放交易体系涉及总量限制与分配制度、交易制度、柔性机制、执行机制、覆盖范围等要素,并根据这些要素上的差异,又可以形成不同类型的碳交易市场。

按照不同的维度进行分类,可以形成不同的碳交易市场。

按照运作模式分类,碳交易市场可以分为基于项目的市场(如 CDM、JI 等)和基于配额的市场(如 EU ETS、RGGI、NSW GGAS 等)。

按照参与意愿分类,碳交易市场可以分为强制市场(包括 EU ETS、RGGI 等绝大多数配额市场)和自愿市场(如芝加哥气候交易所 CCX、日本自愿排放交易体系 JVETS)。

按照覆盖地理区域分类,碳交易市场可以分为国际市场(EU ETS)、国内市场(如英国排放交易体系 UK ETS、新西兰温室气体减排体系 NZ ETS)和地区市场(如 RGGI、WCI、NSW GGAS)。

根据覆盖行业范围分类,碳交易市场可以分为单一行业市场(如仅覆盖电力行业的丹麦二氧化碳交易体系、RGGI)和多行业市场(如 EU ETS、WCI、NZ ETS)。

图 1.1 是对典型碳交易市场的简单分类。

可以看出,碳交易市场的主要分类维度是运作模式(基于项目或基于配额)和参与意愿(强制或自愿),在这两个维度下,全球典型的碳交易市场体系如表 1.5 所示,值得我们重点关注的是基于配额的强制交易体系。

表 1.4　全球主要碳交易市场的对比分析

区域	碳交易市场	运作模式	参与意愿	覆盖区域	行业范围	启动/运行时间(年份)
欧洲	欧盟排放交易体系(EU ETS)	总量上限—配额交易	强制	欧洲30国	电力、石油、钢铁、水泥、玻璃、造纸等多个高能耗行业	2005
	英国排放交易体系(UK ETS)	总量上限—配额交易/信用交易	强制/自愿	英国国内	能源、交通、服务业	2002—2006
	丹麦二氧化碳交易体系	总量上限—配额交易	强制	丹麦国内	电力部门	2001
北美	区域温室气体减排行动(RGGI)	总量上限—配额交易	强制	美国东北部10个州	电力企业	2009
	西部气候倡议(WCI)	总量上限—配额交易	强制	美国西部7个州和加拿大4个省、墨西哥部分州	电力、工业、商业、交通以及居民燃料使用	2007
	气候储备方案(CAR)	基于项目	强制	美国加利福尼亚州	工业、交通运输、农业与林业	2009
	中西部地区温室气体减排协议(MGGRA)	总量上限—配额交易	强制	美国中西部6个省和加拿大大1个省	电力企业、大型工业实体(水泥、钢铁等)	2012
大洋洲	澳大利亚区域温室气体减排协议(NSW GGAS)	信用交易	强制	新南威尔士地区	电力企业	2003
	新西兰温室气体减排体系(NZ ETS)	配额交易	强制	新西兰国内	林业、交通、渔业、电力、工业加工、废物处理及农业部门	2008

续表 1.4

区域	碳交易市场	运作模式	参与意愿	覆盖区域	行业范围	启动/运行时间（年份）
亚洲	日本自愿性排放交易体系（JVETS）	总量上限—配额交易	自愿	日本国内	自愿参与企业	2005—2007
	日本东京都温室气体交易体系	总量上限—配额交易	强制	东京都地区	覆盖工业、商业领域的约 1 400 个排放源	2010
	韩国排放交易体系	总量上限—配额交易	强制	韩国国内	大型电力生产、制造和运输以及国内航空业	2015
	印度节能证书交易计划（PAT）	节能证书交易	强制	印度国内	水泥、化肥、钢铁、造纸、铁路、热电、氯碱、铝、纺织业	2012
	中国碳交易试点	总量上限—配额交易	强制	国内 7 试点省市	电力、水泥、钢铁等行业	2013

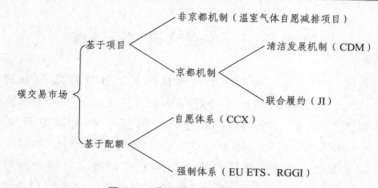

图 1.1 典型的碳交易市场分类

表 1.5 典型的碳交易市场体系

运作模式 参与意愿	基于项目	基于配额
强制体系	清洁发展机制（CDM） 联合履约（JI）	欧盟排放交易体系（EU ETS） 美国区域温室气体减排行动（RGGI） 新西兰温室气体减排体系（NZ ETS）
自愿体系	中国温室气体 自愿减排项目	芝加哥气候交易所（CCX）

　　对中国而言，目前正在北京、上海、天津、重庆、广东、湖北、深圳等 7 省市推进碳交易试点，该试点市场应当属于总量控制下基于配额的强制交易市场，因此，国际上较为成熟的同类型碳交易市场，如欧盟排放交易体系（EU ETS）、美国区域温室气体减排行动（RGGI）、新西兰温室气体减排体系（NZ ETS）等值得我们关注，其在碳交易市场体系构建和交易机制设计方面（如注册登记与交易平台设计、总量设定与配额分配、柔性机制、监督与惩罚机制、涵盖范围等）的一些具体思路和做法，可供我们参考和借鉴。

第四节　国内碳交易试点进展

　　我国"十二五"规划纲要明确提出了碳强度降低 17% 的目标，为此，国务院于 2011 年年底印发了《"十二五"控制温室气体排放工作方案》，国家还编制了《国家应对气候变化规划（2011—2020 年）》和《国家适应气候变化总体战略》。2012 年 6 月，国家发改委颁布实施了《温室气体自愿减排交易管理暂行办法》，并于同年 9 月出台了《温室气体自愿减排交易审定与核证指南》。

　　2011 年 11 月，国家发改委下发了《关于开展碳排放权交易试点工作的通知》，北京、上海、天津、重庆、湖北、广东和深圳，成为碳排放交易的试点省市，并于 2013 年正式启动试点。"十二五"期间主要是做好试点工作，探索和积累经验，"十三五"将进一步扩大试点范围，逐步建立全国性的碳交易市场。2012 年，北京、上海、广东分别在 3 月 28 日、8 月 16 日与 9 月 11 日举行了碳排放交易试点启动仪式。2013 年，深圳、上海、北京等地区先后正式启动碳交易，国内碳交易试点市场已经实质性启动，2013 年也被称为中国碳交易的元年。

一、七省市试点进展情况

（一）北京市碳交易试点情况

　　北京于 2008 年起就开始准备碳交易，北京环境交易所是中国首家环境权益交易机构，于 2008 年 8 月在北京金融大街正式挂牌成立。2012 年 3 月 28 日，北京市举行了碳排放交易试点启动仪式，上报了《北京市碳排放权交易试点实施方案（2012—2015）》；2012 年 8 月，北京在碳交易规则的制定方面完成了初稿起草，并且配套制定了十余个操作细则，交易系统核心设计方案基本完成。2013 年 4 ~ 8 月，遴选出核查机构及核查员；2013 年 8 ~ 10 月，公布重点排放单位名单，开展 2009—2012 年碳排放核算、核查工作；2013 年 11 月 15 日，北京市发改委发布《关于做好本市配额账户注册登记和碳排放权交易开户工作的通知》；2013 年 11 月 19 日，北京市发改委发布《关于发放 2013 年碳排放配额的通知》，将碳排放配额分配至各试点单位配额账户。

北京市碳交易市场于 2013 年 11 月 28 日正式开市交易，实际参加的企业数量为 435 家。

（二）上海市碳交易试点情况

2008 年，上海市成立上海环境能源交易所。2012 年 8 月，上海市政府公布了《上海市人民政府关于本市开展碳排放交易试点工作的实施意见》（沪府发〔2012〕64 号），成为首个对外公开发布《实施意见》的试点城市。2012 年 11 月，上海市发改委公布了 197 家首批参与碳排放交易试点企业名单；2012 年年底，上海市发改委通过政府采购招投标方式确定初始碳盘查承担单位，盘查机构于 2012 年 12 月 12 日至 2013 年 1 月 31 日期间，赴各试点企业开展了碳排放状况初始报告的盘查工作；2013 年 1 月，上海市发改委正式印发了《上海市温室气体排放核算与报告指南（试行）》以及钢铁、电力、建材、有色、纺织造纸、航空、大型建筑（宾馆、商业和金融）和运输站点等 9 个上海碳排放交易试点相关行业的温室气体排放核算方法；2013 年以来，上海市首批试点企业已开始通过碳排放电子报送系统，实现《企业碳排放状况初始报告》和《企业 2012 年碳排放状况报告》的电子和书面报送，而相关管理部门也在积极开展初始配额分配工作；2013 年 10 月 31 日，上海市发改委发布《关于做好本市碳排放挂牌交易相关工作的通知》；2013 年 11 月 18 日，上海市人民政府公布《上海市碳排放管理试行办法》。

上海市于 2013 年 11 月 26 日正式开展碳排放挂牌交易，实际参与企业为 191 家。

（三）天津市碳交易试点情况

2008 年，天津市成立天津排放权交易所。2013 年 2 月，天津市发布了《天津市碳排放权交易试点工作实施方案》；2013 年 7 月，天津市区域碳排放权交易市场的各项基本要素建设已初步完成，包括制定区域碳交易市场管理办法，建设碳交易注册登记系统和交易平台，建立统一的监测、报告、核查体系等。

2013 年年底，天津市将完成碳排放权交易市场支撑体系建设，130 多家企业纳入交易体系并形成交易。

（四）广东省碳交易试点情况

2012 年 9 月 11 日，广东省召开碳排放交易试点工作启动仪式暨广州碳排放权交易所揭牌仪式，这是国内首个以碳排放权冠名的交易所，会议公布了广东省碳排放权交易试点工作实施方案。广东碳交易试点将分三个阶段展开：2012—2013 年上半年为筹备阶段，要确定碳排放总量目标，制定碳排放配额管理、碳排放管理和交易制度等；2013 年下半年至 2014 年为实施阶段，即启动碳交易机制的前期研究和基于配额的碳交易；2015 年为深化阶段，力争率先启动省际碳交易。

2013 年 3 月，广东省公布了首批纳入碳排放信息报告制度的重点企业名单，包括报告企业 310 家，交易企业 239 家；2013 年 7 月，《广东省碳排放权管理和交易办法》和相应的配额管理细则开始征集意见；2013 年 10 月，国内首期碳交易师培训班在广州碳排放权交易所开办；2013 年 11 月 19 日，广州碳排放权交易所发布《广东省碳排放权配额注册登记系统和广东碳排放权交易系统开户指引》。

广东省于 2013 年 12 月 10 日前完成首批免费配额发放，12 月中旬完成首批有偿配额发放，2013年年底前启动碳排放权配额在线交易。

（五）湖北省碳交易试点情况

2013年2月，湖北省发布了碳排放权交易试点工作实施方案；2013年4月，湖北省政府批复同意设立湖北碳排放权交易中心；2013年8月，湖北省完成了对153家碳交易试点企业的碳盘查工作；2013年8月，湖北省《碳排放权交易试点管理暂行办法》向全社会公开并征求意见。

（六）深圳市碳交易试点情况

2010年9月，深圳市成立深圳市排放权交易所。2012年8月，深圳市对《深圳市人民代表大会常务委员会关于加强碳排放管理的决定（草案）》进行了审议；2012年9月，深圳市召开碳排放权交易试点工作新闻发布会；2012年10月，《深圳经济特区碳排放管理若干规定》经深圳市第五届人民代表大会常务委员会通过实施；2012年11月，深圳市市场监督管理局发布《组织的温室气体排放量化和报告规范及指南》《组织的温室气体排放核查规范及指南》。

2013年6月18日，深圳碳交易平台上线交易，首批上线635家企业，深圳成为中国首个正式启动碳排放交易试点的城市。

（七）重庆市碳交易试点情况

2011年6月，重庆市发布《重庆市碳排放交易实施方案编制工作计划及任务分工》；2012年9月，发布《重庆市"十二五"控制温室气体排放和低碳试点工作方案》；2013年6月，开展了对核查机构、试点企业的相关培训。2013年7~8月，对拟开展碳交易试点的200余家工业企业进行碳排放初始核查。

2013年9月，重庆市筛选出30家企业进行了模拟交易，计划于2013年年底开展正式交易。

二、七省市试点方案对比分析

(一) 试点方案对比

碳排放交易方案的设计要素主要包含覆盖范围、配额分配、监测报告与核查制度、交易制度(灵活机制、处罚制度、交易平台)等内容,表 1.6 ~ 表 1.9 是对七省市试点方案的对比分析。

表 1.6　覆盖行业、企业范围

试点省市	强制交易企业范围	排放报告企业范围
北京	市内固定设施年 CO_2 直接排放量与间接排放量之和大于 1 万吨(含)的单位;435 家	市内年综合能耗 2 000 吨标准煤(含)以上的用能单位
上海	工业:钢铁、石化、化工、有色、电力、建材、纺织、造纸等工业行业 2010—2011 年中任何一年 CO_2 排放量 2 万吨及以上; 非工业:航空、机场、铁路、宾馆、金融等非工业行业 2010—2011 年中任何一年 CO_2 排放量 1 万吨及以上;197 家	2012—2015 年中 CO_2 年排放量 1 万吨及以上的企业
天津	钢铁、化工、电力、热力、石化、油气开采等重点排放行业和民用建筑领域中 2009 年以来排放 CO_2 2 万吨以上的企业或单位;130 余家	
广东	电力、水泥、钢铁、陶瓷、石化、纺织、有色、塑料、造纸等工业行业中 2011—2014 年中任一年排放 2 万吨 CO_2(或综合能源消费量 1 万吨标准煤)及以上的企业;242 家	2011—2014 年中任一年排放 1 万吨 CO_2(或综合能源消费量 5 000 吨标准煤)及以上的工业企业

续表1.6

试点省市	强制交易企业范围	排放报告企业范围
湖北	2010—2011年中任一年年综合能源消费量6万吨标准煤及以上的重点工业企业；153家	年综合能源消费量8 000吨标准煤及以上的独立核算的工业企业
深圳	首批：电力等重点的碳排放行业全部纳入，年排放量2万吨CO_2及以上的工业企业纳入控排范围；635家； 未来：年碳排放总量达到5 000吨CO_2当量以上的企事业单位，建筑物面积达到2万平方米以上的大型公共建筑物和1万平方米以上的国家机关办公建筑物	年碳排放总量3 000吨以上但不足5 000吨CO_2当量的企事业单位
重庆	2008—2010年中任一年直接和间接排放在2万吨CO_2及以上（按年综合能耗1万吨标准煤及以上认定）的工业企业；200余家	年排放在1万吨CO_2及以上（按5 000吨标准煤及以上认定）的工业企业

表1.7　配额分配

试点省市	配额分配（量）	免费/有偿
北京	企业（单位）年度二氧化碳排放配额总量包括既有设施配额、新增设施配额、配额调整量三部分； 既有设施配额发放采用基于历史排放总量（制造业、其他工业和服务业企业）和基于历史排放强度（供热企业和火力发电企业）的方法； 新增设施二氧化碳排放配额按所属行业的二氧化碳排放强度先进值进行核定	免费分配
上海	对于工业（除电力行业外），以及商场、宾馆、商务办公等建筑，采用历史排放法；对于电力、航空、港口、机场等行业，采用基准线法	免费分配

续表 1.7

试点省市	配额分配（量）	免费/有偿
天津	同行业，采用统一的分配原则和分配方式；不同行业，在市场化程度、竞争力、技术水平、能耗和碳排放强度下降目标、减排潜力等方面存在差异。 对于不同企业，减排成本和发展潜力存在差异；对于已采用节能减排技术的新型企业和污染严重的落后企业，予以不同的配额；对率先实行减排、积极参与市场交易的企业，给予优惠和奖励	免费分配
广东	在配额计算方法上，控排企业的配额为各生产流程（或机组、产品）的配额之和。根据行业的生产流程（或机组、产品）特点和数据基础，使用基准法或历史法计算各部分配额。新建项目企业的配额为项目投产后各生产流程（或机组、产品）的配额之和。根据行业的生产流程（或机组、产品）特点和数据基础，使用基准法或能耗法计算各部分配额	2013—2014：97% 免费，3% 有偿； 2015：90% 免费，10% 有偿
湖北	既有配额中80%将取决于企业的历史排放量（2009—2011年平均值），另外20%为先期减排的奖励	免费分配
深圳	首批纳入的635家工业企业在2013—2015年获得的配额总量合计约1亿吨，到2015年，这些企业平均碳强度比2010年下降32%，年均碳强度下降率达6.68%	免费分配
重庆	2010年12月31前生产运行的企业为存量企业。具体以2008—2010年单个企业历史碳排放最高水平和国家下达我市"十二五"碳减排任务来确定配额。 2010年12月31日后投产运行的企业为增量企业。结合项目投产运行1年后的实际碳排放水平予以确定	免费分配

表 1.8　核查方法

试点省市	核算行业	核算边界	温室气体	核算方法	报告
北京	供热、火电、水泥、石化、其他工业、服务业	独立法人，与生产经营活动相关的直接排放和间接排放	CO_2	基于计算的方法和基于测量的方法	排放主体编制，第三方核查机构核查
上海	电力及热力、纺织及造纸、非金属、钢铁、航空、有色、建筑等	独立法人，与生产经营活动相关的直接排放和间接排放	CO_2	基于计算的方法和基于测量的方法	排放主体编制，第三方核查机构核查
天津					
广东	电力、水泥、钢铁、炼油、乙烯	独立法人，与生产经营活动相关的直接排放和间接排放	CO_2	基于计算的方法和基于测量的方法	排放主体编制，第三方核查机构核查
湖北					
深圳	电力、供水、制造业	组织拥有或控制的直接和间接排放	6种温室气体	基于计算的方法和基于测量的方法	排放主体编制，第三方核查机构核查
重庆	电力、冶金、化工、建材、其他工业	独立法人，与生产经营活动相关的直接排放和间接排放；不包含特殊排放	6种温室气体	基于计算的方法	排放主体编制，第三方核查机构核查

表 1.9   交易机制

试点省市	抵偿	储蓄	借用	惩罚机制	交易平台
北京	使用比例不得高于当年排放配额数量的5%	允许	不允许		北京环境交易所
上海	不得高于5%	允许	不允许	责令履行配额清缴义务，并可处以5万元以上10万元以下罚款	上海环境能源交易所
天津	不得高于10%	允许	不允许		天津排放权交易所
广东	不得高于10%	允许	不允许	三倍价格罚款	广州碳排放权交易所
湖北	不得高于10%	允许	不允许	一至三倍价格罚款；双倍扣除	湖北碳排放权交易中心
深圳	不得高于10%	允许	不允许	三倍价格罚款；单倍扣除	深圳碳排放权交易所
重庆	不得高于8%	允许	不允许	三倍价格罚款；单倍扣除	重庆联合产权交易所

（二）主要特点分析

通过以上对比分析，可以看出各省市试点方案的主要特点如下：

（1）不同试点地区碳交易体系覆盖的行业不同，北京、上海将部分非工业部门纳入交易体系，体现城市化、工业化较发达地区开展碳交易的内在要求；天津、广东、湖北、重庆的交易覆盖范围聚焦工业部门，力求通过碳交易市场助力产业结构调整、淘汰落后产能。

（2）不同试点地区碳交易体系中企业（部门）纳入标准不

同，多数地区为 2 万吨 CO_2 当量（天津、广东、深圳、重庆），上海区分工业（2 万吨 CO_2 当量）和非工业（1 万吨 CO_2 当量），北京为 1 万吨 CO_2 当量，湖北按年综合能耗 6 万吨标煤设定。

（3）不同试点地区的配额分配方法不同，考虑到行业差异、先期减排、新增产能、动态调整等因素，各地区在配额计算细节上有较大差异，北京充分考虑了配额调整，上海充分考虑了先期减排，广东按生产流程计算配额。

（4）除广东考虑有偿分配外，其余试点地区首批均为免费分配。

（5）由于纳入交易的行业不同，各地区自行建立的 MRV 体系也不尽相同。

（6）各地区均允许配额储蓄，不允许配额借用，使用 CCER 比例有差异（5%、8%、10%），超排的惩罚标准不同。

（7）各地区均依托当地能源环境交易所建立了自己区域的交易平台。

第二章　碳排放总量分配方式设计

　　碳交易市场构建的基础，是人为造成碳排放资源的稀缺性，即通过行政和法律的力量，规定碳交易市场中参与的主体、一个时间阶段内排放者能够排放的绝对总量或排放的强度。由于在现实中，建立碳排放交易市场的主要目的是为达到碳排放量削减和控制的目的，而绝对总量更加简单和准确。因此，大量碳交易市场采用绝对总量对碳排放量进行控制。作为一个负责任的大国，我国政府提出了具有约束性的强度碳减排目标：到 2020 年我国单位碳排放强度在 2005 年的基础上降低 40% ~ 45% 。在此方针的指导下，2011 年 11 月国务院在《"十二五"控制温室气体排放工作方案》中进一步提出了"'十二五'期间单位地区生产总值 CO_2 排放减少 17% "的约束性强度碳减排目标。虽然目前我国提出的碳减排目标集中采用强度目标，但是绝对总量碳减排目标依然在未来的中国成为现实：2013 年 5 月，国家发改委能源研究所研究员姜克隽表示，发改委将在"十三五"计划（2016—2020）中实施碳排放总量减排。可见，由于其操作上的简便和量化减排量章的准确，绝对总量减排将可能成为我国构建碳交易全国市场时的重要选择。

　　目前，我国碳减排目标首先由中央政府下达给试点省市，试点省市在得到党中央下达的碳减排目标后，进行两种模式的分解：一方面，将减排目标进一步分解到二级行政区域，要求各区域分别完成减排任务；另一方面，构建区域碳交易市场，在确定碳交易市场参与者的基础上，将绝对总量的碳排放额度分配给市场的参与者，主要是碳排放量巨大的工业企业。因此，在确定碳排放总量之后，其分配模式是相当重要的。由于碳排放是经济活动和居民生活不可缺少的资源，因此在进行行政区域分配时，应该重视公平性，即区域人口总数、人均 GDP 以及环境容量（行政区域面积）等因素的影响。但是，在碳交易市场中，对工业企业进行初始碳排放权分配时，应当综合考虑到企业的效率、公平和生产连续性等问题。本章将分别就基于公平的区域碳排放总量分配方式和基于多目标的企业碳排放总量分配方式两个议题进行描述与分析，探讨在这两种背景下进行碳排放总量分配的不同方法。

第一节 基于公平性的区域碳排放总量分配方式

公平性评价作为 CO_2 排放权分配的重要工作，在分配过程中的可操作性方面产生的极化效应促进了本地区和周边地区低碳经济的发展，特别是近年来我国构建碳排放交易市场的急迫性，对怎样公平合理地进行碳排放权分配以及构建全国性碳交易市场等问题进行研究就显得尤为重要。CO_2 排放权分配公平性评价显然是促进碳交易市场建设的重要环节，建立一套完备的 CO_2 排放权分配公平性评价参数和分配方案，无论对碳排放交易市场自身的建设还是政府对碳排放市场的调控和管理，都具有一定的参考意义。

国内外众多机构和学者对基于公平性原则的排放权分配研究，主要集中在减排效率、社会福利和减排责任分担。

国外对碳排放权分配的研究开展较成熟。比如，Rolf Golomek 等（2013）运用 OBA 模型比较了排放权自由分配与拍卖分配分别对社会福利和减排成本的影响，认为两者结合更能取得降低减排成本、最大化社会福利的目的；Eero Paloheimo 等（2013）从"人人平等"的角度出发，将 CO_2 排放权分配分担到每一个民众，人人参与减排，这种方法兼顾了分配公平性但缺乏精确性；Anthony

T. H. Chin（2013）等提出了一种建立在古诺模型的排放权许可证分配，促进了能源效率提高，限制了 CO_2 排放量的增长。

国内也有一些学者对碳排放权分配进行了研究。陈文颖等（2005）提出发达国家逐渐减少人均碳排放，而发展中国家逐渐增加人均碳排放，到某一目标年两者趋同，这种分配方法在某种程度上体现了公平性；苏利阳、王毅等（2009）选取排放总量、人均指标、碳排放强度等各种现有指标分析了全球碳排放权分配的公正性，认为没有一个现有的指标能体现所有的公正原则；王文军等（2012）以"气候公平"为主旨，对不同国家的"碳预算"方案进行比较，在某种程度上碳排放权逐渐成为一个国家在国际气候谈判的话语权。近年来，随着国家越来越重视 CO_2 排放，一批低碳经济城市试点相继确立，一些学者开始对我国区域性碳排放权分配进行研究。Chu Wei（2012）、Ke Wang（2013）、Wen - Jing Yi（2011）分别分析了中国各行政区域的 CO_2 排放现状，从减排能力、责任和潜力角度出发，将中国东、中、西部地区的减排潜力和排放性能进行比较，发现西部地区能源效率和减排成本较低，具有非常大的减排潜力；Qiao - Mei Liang 等研究了碳税对 CO_2 减排以及对缩小中国城乡距离和提高人们生活水平的影响，表明碳税对 CO_2 排放权公平性分配具有积极促进作用（2012）。

从以上研究看，关于基于公平性的 CO_2 排放权分配的影响机制和理论相对比较成熟，但存在两点问题。

第一，现有的研究侧重于宏观视角，缺乏区域层面基于公平性的 CO_2 排放权分配微观研究。虽然宏观层面具有导向性，但不能涵盖所有细节。

第二，理论分析和介绍较多，实证研究较缺乏，目前为止仅有少数文献，而且主要基于时间序列数据，缺乏对面板数据的研究。

本章基于面板数据，首先，从理论方面分析了公平性评价参

数对 CO_2 排放权分配的影响机制；其次，从实证方面根据区域划分聚类分析 CO_2 排放现状，采用基尼系数法全面分析各评价参数的 CO_2 排放公平性，最后在三种情景下进行分配方案实施。

本节从理论和实证两方面研究了基于公平性原则下 CO_2 排放权分配。理论研究主要包含以下内容：首先选择对 CO_2 排放权分配的公平性产生影响的评价参数，其次逐步分析这些参数分别对基于公平性排放权分配的影响机制。实证研究部分包含排放现状分析和排放分配方案设计与论证两方面，主要有以下内容：① 基于收集的面板数据采用 K—均值聚类分析重庆市 40 个区县 CO_2 排放现状，探讨重庆市 CO_2 排放区域间存在的差异；② 针对这些差异，在已选的评价参数下采用基尼系数法分析现有的 40 个区县 CO_2 排放现状公平性，根据分析结果，在设定的三种不同情景下以各评价参数的基尼系数值之和最小为目的建立线性规划分配方案，并分析分配结果；③ 将求取的各评价参数的基尼系数值与现状基尼系数值进行比较，分析排放权分配的公平性。本节的研究框架如图 2.1 所示。

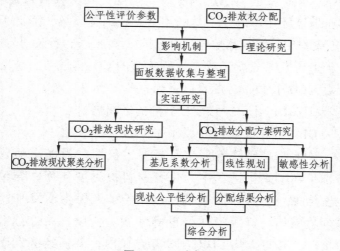

图 2.1　研究框架

一、CO_2 排放公平性评价参数及影响机制

（一）评价参数选择

考虑到区域的经济发展水平、自然资源环境和地理条件等因素对 CO_2 排放权分配公平的影响，加之这三方面所囊括的具体指标参数繁多，因此针对某些部分指标参数不能找到数据来源或统计不全，无法进行定量分析。这里，根据典型性、科学性、易采集性、合理性原则，选择其中的人口、人均 GDP、大气环境容量三个参数构成基尼系数分析过程中的评价参数。

（二）影响机制研究

1. 人口对 CO_2 排放权分配的影响机制

人作为社会最基本单元，直接或间接地参与社会活动，并不断地向空气中排放 CO_2。近年来，人口增长对资源产生过度需求，增加了能源消耗，导致 CO_2 排放急剧增加，在全球人类突破 70 亿大关，CO_2 排放量也随之达到了 340 亿吨；其次人口快速增长，更多的土地被征用，改变了其利用方式，森林破坏，降低了吸收 CO_2 的汇聚作用，间接性地导致 CO_2 排放增加。进行 CO_2 排放权分配时，须考虑不同分配区域人均所负荷的 CO_2 排放量，若不考虑人口参数，CO_2 排放权分配难以做到公平、合理。

2. 人均 GDP 对 CO_2 排放权分配的影响机制

人均 GDP 是地区经济发展水平的重要标志之一。人均 GDP 值越高，该地区的经济发展水平越好，但同时对能源消费越依赖，特别是在工业化进程中，化石燃料被过度使用，导致 CO_2 排放急剧增加。经济的高速增长在改善了人民生活水平的同时也带来环境破坏、资源消耗严重等问题。所以，在进行 CO_2 排放权分配时，须将人均 GDP 因素考虑在内，兼顾经济发展与环境保护。

3. 大气环境容量对 CO_2 排放权分配的影响机制

大气环境容量指某一环境区域在能承受污染物的有限范围内，所能吸纳污染物的最大容纳量。如果人类活动和污染物排放超过了环境所能承受的最大容纳量，环境就会遭到破坏。由于 CO_2 的特殊性，伴随着空气的流动而不断转移，若 CO_2 排放不加以控制，整个地球的 CO_2 浓度将不断增加，最终将导致全球气候更加恶劣。因此，分配 CO_2 排放权时必须考虑区域的环境容量，从环境总量上控制 CO_2 的排放。

二、重庆市 CO_2 排放现状分析

根据国家发改委要求重庆市在 2015 年"单位地区生产总值 CO_2 排放减 17%"。重庆市将这一减排任务分配到重庆各行政区，从排放强度控制上完成减排，与本章的研究结论一致。因此，本章以重庆市 40 个区县为分配对象研究基于公平性的行政区 CO_2 排放权分配。

（一）数据来源及 CO_2 排放估算

本章研究数据主要包括重庆市各区县的人口、人均 GDP、土地面积，其中人口和人均 GDP 数据来自《2011 年重庆市统计年鉴》，土地面积数据来自 2010 年各区县公布的统计公报。

同时，该研究涉及重庆市各区县 CO_2 排放量，因此以《2010 年重庆市各区县（自治县）单位能耗公报指标》统计的能源消耗数据为基准值，采用系数法进行计算，其公式如下：

$$E_{CO_2} = KE$$

式中：E_{CO_2} 表示 CO_2 排放总量；E 为不同类型能源消耗量按统一标准折算成标准煤；K 为碳排放系数，我国一般采用的能源燃料折标准煤后 CO_2 排放系数为 2.42 ~ 2.72，这里取的是 2.6。

（二）基于区域划分的 CO_2 排放聚类分析

本章选取与碳排放三个相关的指标，即碳排放量、人均碳排放量、碳排放强度，采用 K—均值聚类对 2010 年重庆市 40 个区县 CO_2 排放进行聚类分析。人均碳排放量指每人所负荷的 CO_2 排放量，排放量高，表明该地区属于高排放区，反之为低排放区；碳排放强度指单位 GDP 所承载的 CO_2 排放量，排放强度越小，该分配区域的排放效率越高，反之亦然。这里，根据人均 CO_2 排放量大小和排放强度高低的特征，将重庆市 40 个区县分成四大类：高排放—高效率地区，高排放—低效率地区，低排放—高效率地区，低排放—低效率地区。运用 SPSS 18.0 软件对各区县进行 K—均值聚类分析。聚类分析结果见表 2.1。

由表 2.1 可以看出，重庆市大部分的 GDP 和半数人口处在高排放区。其中处于高排放地区的区县个数为 16 个，碳排放量占全市比重为 73.4%，GDP 比重为 66.8%，人口比重为 45%。低排放权包括了重庆市 60% 的区县，但是碳排放量只占全市的 26.6%，GDP 仅占 33.2%。这一方面充分体现了碳排放量大小与 GDP 成正相关关系，另一方面也揭示了占重庆市一半以上人口的区县属于低排放区，且经济发展较为落后。

由表 2.1 可知，重庆市处于高效率区的区县有 28 个，占全市总数的 70%。高排放区中的大部分都是主城区，经济发展较好，随着产业结构的不断调整，对能源消耗的依赖逐渐降低，碳排放强度不断减小；但低排放区域基本上都是县城，经济发展相对落后，GDP 总量为 2 668.88 亿元，由于不以消耗能源为发展动力，因而碳排放强度较小。

以大渡口区和九龙坡区为代表的高排放—低效率地区，属于重庆市碳排放的重排放区，其排放量达到了 9 080.25 万吨，占全市碳排放总量的 40%，表明这些地区存在着大量高耗能企业，使

得 CO_2 排放量高居不下。同时，该区域属于重庆市拥有最大减排潜力的地区，如果能够降低这些区域的碳排放强度，则重庆市的 CO_2 排放量将会大大降低。

表 2.1 重庆市各区县碳排放类型

分类	地区
高排放—高效率地区	江北区、沙坪坝区、南岸区、北碚区、渝北区、巴南区、合川区、永川区、荣昌县、开县
高排放—低效率地区	大渡口区、九龙坡区、万州区、涪陵区、江津区、长寿区
低排放—高效率地区	双桥区、黔江区、大足区、潼南县、铜梁县、垫江县、武隆县、丰都县、城口县、梁平县、巫溪县、巫山县、奉节县、云阳县、忠县、石柱县、彭水县、酉阳县
低排放—低效率地区	渝中区、万盛区、南川区、綦江区、璧山县、秀山县

综上分析，重庆市 CO_2 排放存在不均衡，中心城区排放量较高，县域排放量较低。在以经济发展为前提兼顾公平性原则下，对低排放区域分配较少的 CO_2 排放权，对位居高排放区的区县分配较多的 CO_2 排放权，特别是高排放—低效率区域应加大减排力度，控制 CO_2 排放，同时加快这些地区经济结构转变，提高其减排效率。

三、基于基尼系数的 CO_2 排放权公平性分析

（一）基尼系数与排放权分配的公平性定义

基尼系数作为经济学上衡量收入分配公平程度的重要指标，目前已被广泛应用到污染物排放分配领域，如水污染、大气污染。从环境角度分析，采用基尼系数概念很好地反映了各分配区域的社会水平、经济发展和环境容量所承担 CO_2 排放公平程度，即根据分配区域的人口、人均 GDP 和大气环境容量进行 CO_2 排放权分

配,保证分配的 CO_2 排放权与人口、人均 GDP 和大气环境容量规模相匹配。基尼系数值越小,分配结果越公平,反之亦然。

（二）基尼系数相关概念

基尼系数是由意大利经济学家基尼根据洛伦兹曲线提出的,其计算方法有多种。本章采用梯形面积法进行计算,其公式如下:

$$G = 1 - \sum_{a=1}^{n} (X_a - X_{a-1})(Y_a + Y_{a-1})$$

式中: G 为评价参数的基尼系数值; a 为分配对象的数量; X_a 为评价参数的累计百分比; Y_a 为 CO_2 排放量的累计百分比;当 $a = 1$ 时, (X_{a-1}, Y_{a-1}) 的值为 $(0, 0)$ 。

（三）计算各评价参数的基尼系数并绘制洛伦兹曲线

以绘制人口—CO_2排放量洛伦兹曲线为例,按人均 CO_2 排放量的大小对各区县从小到大进行排序,然后根据排序对人口数和 CO_2 排放量累计百分比进行统计（见表 2.2）,绘制出人口—CO_2 排放量洛伦兹曲线（见图 2.2）。以同样的方法,分别绘制人均 GDP—CO_2排放量、大气环境容量—CO_2排放量洛伦兹曲线,见图 2.3 和图 2.4。

表2.2　重庆市各区县人均 CO_2 排放量排序及人口比例

地区	人均 CO_2 排量/吨·人	人口百分比/%	人口累计百分比/%	CO_2 排放量百分比/%	CO_2 排放量累计百分比/%
云阳县	1.35	4.04	4.04	0.77	0.77
丰都县	1.71	2.55	6.60	0.61	1.38
巫溪县	2.02	1.62	8.21	0.46	1.83
奉节县	2.07	3.19	11.40	0.92	2.76
巫山县	2.13	1.91	13.31	0.57	3.33
酉阳县	2.15	2.53	15.84	0.76	4.09

续表2.2

地区	人均CO_2排量/吨·人	人口百分比/%	人口累计百分比/%	CO_2排放量百分比/%	CO_2排放量累计百分比/%
忠 县	2.26	3.04	18.88	0.96	5.05
彭水县	2.31	2.07	20.95	0.67	5.72
垫江县	2.38	2.92	23.87	0.97	6.70
潼南县	2.61	2.83	26.70	1.04	7.73
梁平县	2.73	2.76	29.46	1.06	8.79
石柱县	2.77	1.63	31.09	0.63	9.42
大足县	3.08	2.93	34.02	1.26	10.69
铜梁县	3.57	2.53	36.55	1.27	11.95
綦江县	4.40	2.86	39.41	1.77	13.72
黔江区	4.42	1.62	41.03	1.01	14.72
开 县	4.43	4.95	45.98	3.07	17.79
武隆县	4.70	1.25	47.23	0.82	18.61
合川区	4.83	4.70	51.93	3.18	21.80
璧山县	6.40	1.92	53.85	1.72	23.52
城口县	6.51	0.75	54.59	0.68	24.20
秀山县	6.77	1.97	56.56	1.87	26.07
永川区	7.07	3.40	59.96	3.37	29.44
南川区	7.76	2.04	62.00	2.21	31.65
巴南区	7.77	2.67	64.67	2.91	34.56
万州区	8.59	5.25	69.92	6.32	40.88
渝中区	8.86	1.73	71.65	2.15	43.03
荣昌县	9.49	2.52	74.17	3.35	46.38
渝北区	10.10	3.10	77.27	4.39	50.77

续表 2.2

地区	人均 CO_2 排量/吨·人	人口 百分比/%	人口累计 百分比/%	CO_2 排放量 百分比/%	CO_2 排放量累 计百分比/%
江津区	11.71	4.52	81.79	7.42	58.19
沙坪坝区	12.19	2.39	84.18	4.09	62.28
北碚区	12.36	1.92	86.11	3.33	65.61
南岸区	13.23	1.84	87.95	3.41	69.02
涪陵区	13.77	3.50	91.45	6.76	75.78
长寿区	15.79	2.73	94.18	6.04	81.83
万盛区	15.84	0.81	94.99	1.81	83.63
江北区	16.06	1.65	96.65	3.72	87.35
九龙坡区	16.79	2.49	99.13	5.86	93.21
双桥区	30.43	0.15	99.29	0.66	93.87
大渡口区	60.99	0.72	100	6.13	100

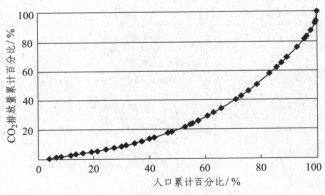

图 2.2　人口—CO_2 排放量洛伦兹曲线

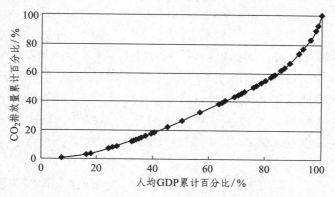

图 2.3　人均 GDP—CO_2 排放量洛伦兹曲线

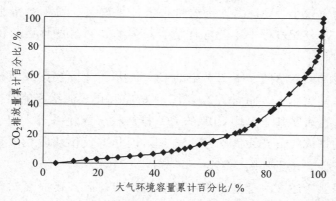

图 2.4　大气环境容量—CO_2 排放量洛伦兹曲线

（四）各参数基尼系数结果分析

由图 2.2 可以看出，云阳县、丰都县、巫溪县、奉节县等地区人均 CO_2 累计排放量较少，而大渡口区、双桥区、九龙坡区、江北区等地区的人均 CO_2 累计排放量很高，特别是大渡口区，不到 0.7% 的人口却有 6.13% 的 CO_2 排放量，这对于人均排放量较少的地区显然是不公平的。人类活动作为 CO_2 排放直接的参与者，因此在进行碳排放权分配时，应首先考虑基于人口参数的公平性，其次再兼顾其他参数。

由图 2.3 分析，不难看出基于人均 GDP 的各区县排序与图 2.2 中明显不同，比如巴南区、黔江区、城口县。经济发展较好的万州区、长寿区等区县的单位人均 GDP 的 CO_2 排放量却很高，表明这些地区的 CO_2 排放量较大，而石柱、丰都等经济较落后的地区单位排放量较少。在经济发展的前提下，向经济落后地区分配较少的 CO_2 排放权，而更多的排放权应分给经济较好的地区。

由图 2.4 可以看出，基于大气环境容量的区县排序与图 2.2、图 2.3 截然不同，渝中区、大渡口区、江北区、双桥区等地区的土地面积较小，CO_2 累计排放量很大，巫溪县、酉阳县等地区却相反。若分配过程中不考虑环境容量参数，对这些地区来说是不公平的。

同时不难发现，图 2.3 中的 CO_2 实际累计排放量曲线较接近于绝对排放曲线，而图 2.2、图 2.4 的实际排放曲线离绝对排放曲线较远，表明基于人均 GDP 的 CO_2 排放权分配比基于人口、土地面积的排放权分配更为公平、合理。但是，仅仅从曲线图直观判断公平性，过于片面，需进一步分析。

综上所述，由于基于不同评价参数的各区县排序显然是不同的，因此在碳排放权分配时应从多角度考虑各参数才更加公平、合理。可以从这三个评价参数的基尼系数值判断其公平性程度。根据公式计算，求得基于人口、人均 GDP、大气环境容量的基尼系数值分别为 0.41、0.36、0.63。通常把 0.4 作为分配的"警戒线"，若基尼系数值低于 0.2，表示分配高度平均；位于 0.2 ~ 0.3，表示分配比较平均；位于 0.3 ~ 0.4，表示分配相对合理；位于 0.4 ~ 0.5，表示分配差距较大；位于 0.5 以上，表示分配差距悬殊。除了基于人均 GDP 的 CO_2 排放量基尼系数值处在相对公平范围内，其余两个参数的基尼系数值均在不公平状态，表明重

庆市 CO_2 排放情况是不均衡的, 并且主要集中在重庆九大主城区和十个中心城区, 需要对其进行主要调整。

四、基于公平性的 CO_2 排放权分配方案设计

(一) CO_2 排放权分配模型

采用线性规划的方法, 建立 CO_2 排放权分配模型。因此, 设定各评价参数的基尼系数值之和达到最小为目标函数, 以各区域的 CO_2 排放削减比例为决策变量, 要求分配后的各评价参数的基尼系数值均小于等于现状值, 且 CO_2 排放量符合现状单位生产总值排放量的总量削减约束, 同时为保障分配方案的公平性和可实施性, 确定各区域的 CO_2 排放削减比例的上下限, 从而确定区域间 CO_2 排放权分配方案。其计算公式如下:

目标函数:

$$\min G' = \sum_{i=1}^{3} G_i$$

约束条件:

$$(1 - q)IW = (1 - P_j)\sum_{j=1}^{n} I_j W_j$$

$$G_i' \leqslant G_i$$

$$I = \frac{E}{W_0}$$

$$I_j = \frac{E_j}{W_{0j}}$$

$$P_0 \leqslant P_j \leqslant P_0'$$

式中: i 表示人口、人均 GDP、大气环境容量三个评价参数; j 为各区县编号; G_i、G_i' 分别表示现状和分配后评价参数 i 的基尼系数值; G' 为分配方案实施后各评价参数的基尼系数值之和; W、W_j 分

别表示 2015 年重庆市 GDP 总值及区县 j 的 GDP 值；W_0、W_{0j} 表示 2010 年重庆市 GDP 总值及区县 j 的 GDP 值；I、I_j 分别为 2010 年重庆市碳排放强度及区县 j 的碳排放强度；q 为单位生产总值削减率；E、E_j 分别为重庆市和区县 j 的 CO_2 排放量；P_j 为分配给区县 j 的 CO_2 排放削减率；P_0、P'_0 分别为削减率的上下限。

（二）情景设计

考虑到重庆市各区县社会水平、经济发展、自然环境等的显著差异，将分配给各区县的 CO_2 排放削减比例设置为情景 1（差别对待）、情景 2（激励型）、情景 3（均衡型）三种：情景 1 是根据区县的具体情况分配恰当的削减比例，情景 2 是为鼓励各区县积极参与减排分配较多的减排量，情景 3 表示对各区县同等对待分配均衡的削减比例。其取值范围分别为［10%，50%］、［25%，50%］、［35%，45%］，我们分别探讨不同类型削减比例对各区县的影响。

（三）分配结果

根据以上要求，采用线性规划分配模型，在三种不同情景下利用 Lingo 软件进行编程求取最优解，最终分配结果见表 2.3。

根据基尼系数计算公式，分别求得在情景 1、2、3 下基于人口、人均 GDP、大气环境容量的基尼系数值，与现状值进行对比，见表 2.3。

表 2.3　评价参数的基尼系数值变化情况

	人口	人均 GDP	大气环境容量
现状	0.41	0.36	0.63
情景 1	0.332	0.345	0.576
情景 2	0.346	0.348	0.581
情景 3	0.383	0.349	0.613

（四）分配结果分析

由表2.3分析可知，基于三种不同情景的分配方案，重庆市九大主城区（除渝中区外）和十个中心城区（除黔江、大足区外）均为重点减排对象，其 CO_2 排放削减比例达到了削减区域上限，而其余县域的 CO_2 排放削减比例较小。綦江区、城口县、开县、石柱县、秀山县在基于情景1下的削减比例都达到了最大值，而基于情景2、3下的削减比例（除秀山县外）为削减区域的最小值，这是由于在情景2和3条件下各区县的削减比例都有所上升，总的碳排放量减少。可知，削减幅度较大的地区大多数属于经济发展较好、高能耗企业（如电力、钢铁、化工等）较多的地区。足见，CO_2 排放量的大小与经济发展呈正关联。

由表2.4可以看出，三个评价参数在三种不同情景下分配后，其基尼系数值总和达到最小，与现状相比，分配更加公平、合理。其中，基于情景1的基尼系数值之和最小，表明基于情景1的分配方案优于后两种情景，说明削减比例上下限取值范围差别越大，基尼系数之和越小，分配方案越优。因此，在对重庆40个区县进行碳排放权分配不可能做到一视同仁，必须有区别地进行分配。基于人口、人均GDP、大气环境容量的基尼系数在分配情景1、2、3排序下逐渐增加，表明在削减上限范围波动不大的情况下，下限对分配结果起着非常重要的作用，下限越小，基尼系数值也就越小，反之亦然。虽然基于人口和基于人均GDP的基尼系数值下降幅度很小，但优化后其值处于合理范围内，表明其 CO_2 排放权分配相对公平；虽然基于土地面积的基尼系数值没有降至合理范围内，这是由于重庆市主要的行业发展集中在土地面积有限的九大城区和十个中心城区，要求这些城区在短时期内施行大强度的碳减排，这是与以区域经济发展为前提相背离的，同时也是不可能实施的。

表2.4 不同情景下的重庆市各区县 CO_2 削减分配方案

地区	CO_2排放量/万吨	基于情景1削减率/%	剩余排放量/万吨	基于情景2削减率/%	剩余排放量/万吨	基于情景3削减率/%	剩余排放量/万吨
渝中区	507.57	10	50.76	25	380.68	35	329.92
大渡口区	1 444.9	50	722.45	50	722.45	45	794.70
江北区	877.18	50	438.59	50	438.59	45	482.45
沙坪坝区	964.27	50	482.14	50	482.14	45	530.35
九龙坡区	1 381.15	50	690.58	50	690.58	45	759.63
南岸区	804.04	50	402.02	50	402.02	45	442.22
北碚区	785.14	50	392.57	50	392.57	45	431.83
渝北区	1 035.08	50	517.54	50	517.54	45	569.29
巴南区	686.28	50	343.14	50	343.14	45	377.45
双桥区	154.87	50	77.44	48.26	80.13	45	85.18
万盛区	425.55	50	212.78	50	212.78	45	234.05
万州区	1 488.89	50	744.45	50	744.45	45	818.89
涪陵区	1 592.84	50	796.42	50	796.42	45	876.06
江津区	1 748.13	50	874.07	50	874.07	45	961.47
合川区	750.10	50	375.05	50	375.05	45	412.56
永川区	794.15	50	397.08	50	397.08·	45	436.78
黔江区	236.91	10	23.69	25	177.68	35	153.99
长寿区	1 424.34	50	712.17	50	712.17	45	783.39
南川区	521.78	50	260.89	50	260.89	45	286.98
綦江区	416.23	50	208.12	25	312.17	35	270.55
大足区	297.85	10	29.79	25	223.39	35	193.60
潼南县	244.14	10	24.41	25	183.11	35	158.69
铜梁县	298.32	10	29.83	25	223.74	35	193.91

续表 2.4

地区	CO_2 排放量 /万吨	基于情景1削减率/%	剩余排放量/万吨	基于情景2削减率/%	剩余排放量/万吨	基于情景3削减率/%	剩余排放量/万吨
荣昌县	789.32	50	394.66	50	394.66	45	434.13
璧山县	405.91	10	202.96	25	304.43	35	263.84
垫江县	229.74	10	22.97	25	172.31	35	149.33
武隆县	194.13	10	19.41	25	145.60	35	126.18
丰都县	143.77	10	14.38	25	107.83	35	93.45
城口县	160.35	50	80.18	25	120.26	35	104.23
梁平县	249.02	10	24.90	25	186.77	35	161.86
开 县	723.08	50	361.54	25	542.31	45	397.69
巫溪县	107.93	10	10.79	25	80.95	35	70.15
巫山县	134.86	10	13.49	25	101.15	35	87.66
奉节县	217.93	10	21.79	25	163.45	35	141.65
云阳县	180.39	10	18.04	25	135.29	35	117.25
忠 县	227.00	10	22.70	25	170.25	35	147.55
石柱县	149.30	50	74.65	25	111.98	35	97.05
彭水县	157.42	10	15.74	25	118.07	35	102.32
酉阳县	179.34	21.51	38.58	25	134.51	35	116.57
秀山县	440.13	50	220.07	25	330.10	41.88	255.80

综上分析，为实现重庆低碳式经济的发展，鼓励那些经济发展比较落后而 CO_2 排放量较少的地区（如巫溪县、巫山县、石柱县等地）加快发展，实施低幅度的削减比例；针对 CO_2 排放量较大的城区（如九龙坡区、双桥区等区县）在鼓励经济发展的同时，分配较多的削减比例，使得基尼系数趋向合理范围。

（五）总结与启示

在 CO_2 排放日益增加、全球气候不断变暖的背景下，实行节能减排、控制 CO_2 排放是实现低碳生活方式的必经之路。公平性原则作为 CO_2 排放权分配的重要前提，必须综合考虑其分配区域的经济发展、社会水平和资源环境容量等现状所负荷的 CO_2 排放量。

1. 重庆市 CO_2 排放存在显著差异

采用 K—均值聚类法对重庆市 40 个区县 CO_2 排放现状进行聚类分析，发现重庆市 CO_2 排放在中心城区和县域存在显著差异。中心城区排放量较高，县域排放较低。另外，运用经济上衡量分配公平程度的基尼系数法，实现各区县 CO_2 排放公平性的评估，其中基于大气环境容量的基尼系数值严重超过"警戒线"，属于重点调整指标。

2. 基于公平性的 CO_2 排放权分配，实现 CO_2 排放的有效控制

在三种不同的情景下，采用线性规划法实现对 CO_2 排放权的分配。分配后，发现在不同情景下所有指标的基尼系数均小于现状值且总和达到最小，与现状相比分配后的排放结果更加公平，并且有效地控制了 CO_2 排放，为区域碳排放交易市场的建立提供了一定的参考信息。

第二节　基于多目标决策的企业 CO_2 排放权初始分配方法

CO_2 等温室气体所引发的气候变化问题已经受到了广泛关注，而碳排放权交易是控制 CO_2 排放的有效机制，也是实现中国低碳经济又好又快发展道路的重要途径之一。实施碳排放交易制度首先要解决的一个重要问题是如何在各个碳排放企业或部门间科学、

合理地进行碳排放权初始分配。近年来，我国加快了构建碳排放交易市场的步伐，对怎样公平合理地实施碳排放权初始分配及怎样构建全国性碳交易市场等问题进行研究，就显得十分重要。

目前，关于排放权初始分配模式主要有免费分配模式、拍卖分配模式以及两者结合的分配模式，这些分配模式只是从宏观上进行了概括，并没有对具体的实施做详细说明。国内外研究者对碳排放权初始分配已经有了一系列的具体相关研究，但大多数研究主要集中在减排效率、减排成本及减排福利等单一目标决策下的区域和部门排放权初始分配。Zhou Jieting（2011）认为，基于输出的碳排放权分配方法更适合中国未来的排放交易制度，并且有助于实现业界最佳福利；Wei 和 Rose（2009）构建了一个最小化能源成本的非线性规划模型，并提出兼顾效率和公平的中国省域间碳排放权分配交易方案，该方法不但实现了节能目的，而且激励和权衡了区域间的发展；WEI Chu（2012）等采用了扩展的 SBM 模型分析中国东、中、西部的减排潜力和边际减排成本，得出中、西部存在着巨大的减排潜力和能力，将是中国未来减排的核心区域，然而作者并没有讨论具体的排放权分配，只是分析 29 个省市间责任分担；林坦和宁俊飞（2011）借助零和 DEA 模型对欧盟国家 2009 年碳排放权的分配结果进行了评价，借鉴欧盟排放权交易的发展经验，寻求适合中国的碳排放权交易机制；范英等（2010）运用基于投入产出的多目标规划从环境经济最优和减排成本最小角度探讨了中国 CO_2 排放权分配，并对宏观经济减排成本进行了估算；王灿等（2005）采用 CGE 模型描述经济、能源与 CO_2 排放权分配之间的关系，并测算了边际社会成本和边际技术成本。

从企业角度，Baker Erin 等（2008）分析了技术进步对企业 CO_2 减排及边际减排成本的影响；赵道致等（2012）针对多家企业的 CDM 项目，运用博弈论方法探究了企业的利润、成本、均衡产量和碳减排量等问题；Sauma Enzo（2011）根据企业间的互动关系评估了初始排放权分配制度对社会福利的影响，研究发现积极的初始排放权分配有利于提高社会福利，但是忽略了分配制度与企业对技术投资间（减排成本）的相互作用。

从以上研究看，关于 CO_2 排放权初始分配的理论研究和影响机制研究相对比较成熟，但是存在以下问题：

第一，现有研究侧重于从宏观角度探讨区域层面 CO_2 排放权初始分配，但本质上参与直接交易的主体是企业，所以缺乏关于企业的初始分配研究，迄今为止仅有少量文献而已。

第二，多数研究偏重于从单一目标决策出发，缺乏多维度、多方向的思考。

第三，关于理论分析和介绍较多，实证研究比较缺乏。

本部分从企业经济最优性（包括环境经济效益最优及减排费用最小两方面）、公平性原则及生产连续性等角度出发，构建了关于企业 CO_2 排放权初始分配的一个多目标决策模型，并对该模型进行了应用研究。

一、CO_2 排放权多目标优化分配模型

（一）建模思路

本章主要从经济效益最优性、分配公平性、生产连续性三个方面研究了基于多目标决策下的企业 CO_2 排放权初始分配，具体建模思路如图 2.5 所示。其中，经济效益最优性又包括环境经济效益最大化和减排费用最小化。

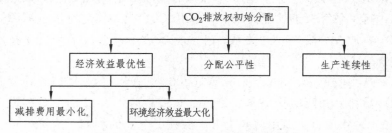

图 2.5　CO_2 排放权的多目标分配模型

（二）基于经济最优性的 CO_2 排放权初始分配

在 CO_2 排放权初始分配过程中，经济效益最优性永远是环境决策者和企业要考虑的重要问题之一。经济最优性目标，即 CO_2 排放权分配结果有利于企业的总体经济效益达到最大化。本章拟从 CO_2 排放获得的环境经济收益和减排费用两方面进行研究。

1. 环境经济效益函数

本研究中，将单位 CO_2 排放对应的企业工业增加值定义为企业获得的碳生产率，并以此从宏观上反映企业的环境经济效益水平。在环境经济效益最大化的目标下，构建如下企业环境经济效益函数：

$$\max Z = \sum_{i=1}^{n} \alpha_i (E_i - X_i)$$

$$\alpha_i = \frac{D_i}{E_i}$$

式中：Z 为企业环境经济效益；i 为企业编号；α_i 表示企业 i 的碳生产率；E_i 表示企业 i 当前 CO_2 现状排放量；X_i 表示企业 i 的 CO_2 减排量；D_i 表示企业 i 当前的工业增加值。

2. 减排费用函数

大多数企业主要依赖于能源效率的提高达到减排的目的，而技术进步对能源效率的提高起着决定性作用。于是，本章主要通过减少单位 CO_2 排放量的技术投入衡量一个企业 CO_2 减排成本。考虑到技术投入涉及范围很广，本章选择 R&D 技术知识存量进行度量。这里，借鉴冯泰文等（2008）关于技术进步对中国能源强度调节效应的实证研究，认为知识存量的扩大会增大 R&D 投资的技术知识效率，企业的能源效率随之提高，从而降低 CO_2 排放量。减排费用模型如下所示。

基准期 R&D 知识存量模型：

$$T_0 = R_{0-\theta}/(\alpha + \beta - \gamma)$$

式中：T_0 表示基准期的知识存量；$R_{0-\theta}$ 表示基准期的 R&D 投资额；θ 为 R&D 资金投入到获取技术知识的时间周期；α 是 R&D 投资在基准期以后的平均增长率；β 为知识的陈腐化率；γ 为知识的溢出率。

R&D 技术知识存量模型：

$$T_t = R_{t-\theta} + (1 - \beta + \gamma)T_{t-1}$$

建立以 CO_2 减排费用最小的目标函数：

$$\min \ C = \sum_{i=1}^{n} c_i X_i$$

$$c_i = \frac{1}{m} \sum_{t=1}^{m} (T_{t,i} - T_{t-1,i})/(E_{t,i} - E_{t-1,i})$$

式中：C_i 为企业 i 的历史平均单位 CO_2 减排成本；$T_{t,i}$、$T_{t-1,i}$ 为企业 i 分别在 t、$t-1$ 时期的技术知识存量；$E_{t,i}$、$E_{t-1,i}$ 为企业 i 分别在 t、$t-1$ 期的 CO_2 排放量。

3. 约束条件

为鼓励企业积极参与减排，给定控制区内所有企业的减排总量需满足某一具体减排指标，同时在不影响企业生产运作的前提下，给定企业一定的减排约束，如下：

$$X_0 \leqslant \sum_{i=1}^{n} X_i$$

$$P_0 \leqslant X_i \leqslant P_1$$

式中：X_0 为所有企业削减量总和下限；P_0、P_1 为企业的减排上下限。

（三）基于公平性的 CO_2 排放权初始分配

在 CO_2 排放权分配过程中，除了要考虑经济最优性以外，还必须考虑的重要问题就是公平性问题。基尼系数作为经济学上衡量收入分配公平程度的重要指标，也同样适用于对环境问题公平性的探讨。该系数很好地体现了各个排放企业在不同方面对环境问题所承担的公平程度，基尼系数值越小，表明该企业的排放越平等，分配结果越公平，反之亦然。基尼系数值在 0.2 以下，表示分配高度平均；0.2 ~ 0.3 表示分配相对平均；0.3 ~ 0.4 表示分配较为合理；0.4 ~ 0.5 表示分配差距偏大；0.5 以上为分配差距悬殊。（Sun Tao，Zhang Hongwei，Wang Yuan，2013）

环境管理者综合考虑不同排放企业的经济发展规模、环保投资及劳动就业规模等指标，最大限度地降低各评价指标基尼系数之和，从而得到公平合理的 CO_2 排放权分配结果。本章为提高分配结果的公平性和合理性，采用熵权法计算不同因素所占权重衡量不同的指标对分配结果的影响程度，以加权各指标基尼系数值之和最小为目标函数。

熵权法求取权重具体方法如下：

$$X_{ij} = \frac{E_i}{Z_{ij}}$$

式中：X_{ij} 表示第 i 个企业的第 j 项评价指标的单位负荷的 CO_2 排放量；E_i 表示第 i 个企业所允许的排放量；Z_{ij} 表示第 i 个企业的第 j 项评价指标值。

$$P_{ij} = \frac{X_{ij}}{\sum_{i=1}^{n} X_{ij}}$$

式中：P_{ij} 是第 i 个企业的第 j 项评价指标值在此指标中所占比重。

$$e_j = -\frac{1}{\ln n} \sum_{i=1}^{n} P_{ij} \ln P_{ij}$$

式中：e_j 表示第 j 项评价指标单位负荷的 CO_2 排放量的信息熵。

$$w_j = \frac{1 - e_j}{\sum_{j=1}^{m} (1 - e_j)}$$

式中：w_j 为所求的权重值。

本章采用梯形面积法进行计算，其公式如下：

$$G_j = 1 - \sum_{i=1}^{n} (X_{ij} - X_{i-1,j}) (Y_{ij} + Y_{i-1,j})$$

式中：G_j 是第 j 项评价指标的基尼系数值；X_{ij} 为企业 i 评价指标的累计百分比；Y_{ij} 为企业 i 的 CO_2 排放量的累计百分比；当 $i=1$ 时，$(X_{i-1,j}, Y_{i-1,j})$ 的值为 $(0, 0)$。

值得注意的是，在计算基尼系数值时，要按照单位评价指标所负荷的 CO_2 排放量大小的先后顺序进行排序。由于在短时期内各个企业的排放现状相对于基准年不会发生太大的变化，所以在分配过程中，相同指标负荷的 CO_2 排放量的先后顺序与基准年保持一致。以加权各指标基尼系数值之和最小为目标，则有：

目标函数：

$$\min G = \sum_{j=1}^{m} w_j G_j'$$

约束条件：

$$G_j' \leqslant G_j$$
$$X_0 \leqslant \sum_{i=1}^{n} X_i$$
$$P_0 \leqslant X_i \leqslant P_1$$

式中：G 表示加权后各指标基尼系数之和；G_j、G_j' 分别是第 j 项评价指标现状基尼系数值与分配后的基尼系数值；X_i 为企业 i 的 CO_2 减排量；P_0、P_1 为企业的减排上下限。

（四）基于生产连续性的 CO_2 排放权初始分配

考虑到本章的前提是基于不同企业的 CO_2 排放权分配问题，各个排放企业获得的 CO_2 排放权数量应相对稳定，也就是使得各个企业分配到的 CO_2 排放权与历年的平均排放数量相比，变化幅度在一定的范围内达到最小，这样就能够保证各企业生产具有连续性，区域经济得到稳定发展。可建立如下数学模型：

目标函数：

$$\min f = \sqrt{\sum_{i=1}^{n} (E_i - X_i - \overline{E}_i)^2}$$

约束条件：

$$\sum_{i=1}^{n} (E_i - X_i - \overline{E}_i)^2 \leqslant \delta$$

$$X_0 \leqslant \sum_{i=1}^{n} X_i$$

$$P_0 \leqslant X_i \leqslant P_1$$

式中：X_i 为第 i 个企业的 CO_2 减排量；$\overline{E}_i$ 为各个企业历年的 CO_2 平均排放量；E_i 为第 i 个企业 CO_2 现状排放量；δ 为给定的变化幅度；P_0、P_1 为企业的减排上、下限。

（五）多目标决策数学模型

结合上述目标函数和约束条件，可以构建以减排量为决策变量的多目标 CO_2 排放权分配模型：

$$\max Z = \sum_{i=1}^{n} \alpha_i (E_i - X_i)$$

$$\min C = \sum_{i=1}^{n} c_i X_i$$

$$\min G = \sum_{j=1}^{m} w_j G_j'$$

$$\min f = \sqrt{\sum_{i=1}^{n} (E_i - X_i - \overline{E}_i)^2}$$

$$\text{s. t.} \begin{cases} G_j' \leqslant G_j \\ X_0 \leqslant \sum_{i=1}^{n} X_i \\ \sum_{i=1}^{n} (E_i - X_i - \overline{E}_i)^2 \leqslant \delta \\ P_0 \leqslant X_i \leqslant P_1 \\ (i, j = 1, 2, 3, \cdots, n) \end{cases}$$

二、案例仿真

（一）数据准备

假设有 6 个企业，所有企业的 CO_2 排放总量为 73.26 万吨。这里，若以当前状态为基准年，以 5 年后的时间为目标年，利用上述多目标决策分配模型，对 6 个企业承担的 CO_2 削减任务进行分担。由于目前我国施行的主要是碳排放强度减排，还没有对总量控制分配作出相关要求，于是本章假定所有企业的 CO_2 削减总量不低于现状排放总和的 20%，即 14.652 万吨。

众所周知，影响 CO_2 减排任务分配的因素很多，主要涉及企业的经济发展规模、劳动就业、经济利税、生态环境以及环保投资等水平。但是现有基于基尼系数的分配方法主要倾向于员工规模、经济规模、环保投资等方面，且选用的评价指标较少，对企业的组织结构、资源条件等方面的差异有所忽视。本章研究中，拟选取企业经济规模、员工数和环保投资三项指标作为公平性评价因子进行 CO_2 排放权分摊计算。表 2.5 中给出了假定 6 个企业的各项指标相关数据。

表 2.5　基准年各企业的指标值

企业	工业增加值/万元	经济发展规模/亿元	员工数/人	环保投资/万元	CO_2 现状排放量/百万吨	历史平均 CO_2 排放量/百万吨
企业 1	6 732.39	5.92	3 080	239.53	24.23	29.40
企业 2	4 393.29	0.95	1 760	188.52	16.01	18.24
企业 3	2 271.24	0.71	1 360	39.73	4.53	3.20
企业 4	2 643.28	0.70	950	33.86	8.62	5.30
企业 5	2 564.39	0.58	2 380	28.73	7.30	9.70
企业 6	3 395.44	1.14	470	69.63	12.57	13.20

（二）情景设置

本章所构建的分配模型是典型的多目标非线性规划数学模型，由于不同企业发展战略的差异，对目标问题重心的抉择也不同，不妨赋予环境经济效益最优目标、减排费用最小目标、公平性目标及生产连续性目标不同的权重，分别讨论不同的决策目标选择对各企业排放权分配结果。目前关于设置权重的方法有很多，李如忠（2011）、李寿德（2003）视各指标同等重要，取相同权重。而 Wen – Jing Yi（2011）在偏重某一目标决策、其余决策同等重要的前提下，讨论权重对不同分配结果的影响。本章借鉴 Wen – Jing Yi 方法，将五种偏好情景的权重设置如表 2.6 所示。

情景 1：同等权重，表明环境决策者对经济效益最优性、分配公平性、生产连续性的度量没有偏重，目标权重值设置为 0.25。在这种情景下，决策者按相同的权重值分配 CO_2 排放权给各企业。

情景 2：偏重于环境经济效益，表明决策者侧重于环境经济效益最优目标决策，权重设置最大为 0.4，意味着碳生产率值越小的企业拥有更大的减排能力，将分配更多的减排任务。其他三个决策目标的权重值都为 0.2，在分配过程中侧重较低。

情景3：偏重于减排费用，表明企业更注重于减排费用的最小化，其权重设置0.4，减排成本较小的企业应分配更多的CO_2排放权。

情景4：偏重于分配公平性，表明决策者重视控制区减排目标分配的公平性，根据企业具体发展规模、技术管理等因素进行排放权分摊，有利于兼顾企业间的利益。因此，设置权重为0.4，其余目标设置为0.2。

情景5：偏重于生产连续性，企业的发展和盈利依赖于整个生产运营的连续性，此时决策者会优先考虑此目标，其权重设置为0.4，其余目标设置为0.2。

表2.6 基于五种决策偏好情景的目标权重

值	情景1 （同等 权重）	情景2 （偏重环境 经济效益）	情景3 （偏重减 排费用）	情景4 （偏重分配 公平性）	情景5 （偏重生产 连续性）
w_1	0.25	0.4	0.2	0.2	0.2
w_2	0.25	0.2	0.4	0.2	0.2
w_3	0.25	0.2	0.2	0.4	0.2
w_4	0.25	0.2	0.2	0.2	0.4

（三）模型求解函数

本章拟采用运筹学中解多目标问题的理想点法，将多目标分配问题进一步转化为单目标分配问题，视单目标问题的最优解为多目标问题的最优解。在这里，设环境经济效益最优目标函数为$f_1(x)$、减排成本函数为$f_2(x)$、公平性目标函数$f_2(x)$、生产连续性目标函数为$f_4(x)$，分别对应的最优值为f_1^*、f_2^*、f_3^*、f_4^*，权重值为w_1、w_2、w_3、w_4，则有

$$\min_{x \in \mathbf{R}^+} \| f(x) - f^* \|^2 = \min_{x \in \mathbf{R}^+} \sum_{t=1}^{4} w_t (f_t(x) - f_t^*)^2$$

（四）CO_2 排放权分配计算

根据前述碳生产率的定义，将各企业的工业增加值分别除以相对应的 CO_2 排放量，得到各企业对应的碳生产率 α_i 值。其中，最大值为企业 3 的 501.14 元/吨，最小值为企业 6 的 270.2 元/吨。

在 CO_2 减排费用函数中，考虑到本章研究的企业涉及 R&D 投资，并且知识的存量也具有累计效应，与冯泰文等研究较为接近。因此，本章借鉴冯泰文对参数 α、β、γ、θ 的数据设置：假定知识的腐化率和溢出率相互抵消，α 取基准年以后 20 年平均增长率为 13.86%，β 取 3 年（冯泰文等，2008）。本章将企业过去 10 年的平均减排成本作为最终的减排成本，计算求得企业 5 的减排成本最高，达到了 998.52 元/吨，企业 2 的减排成本最小，为 446.87 元/吨。

考虑到企业自身的发展，过多减排会限制企业的发展，过少减排又不能够满足总量约束。因此，本章限定了企业 CO_2 减排的上下限为 1% ~40%。同时兼顾企业的正常运营和生产连续性，假定企业排放量方差的变化幅度不大于控制区总排放量的 15%，即 10.989 万吨。

将上述参数信息代入到 CO_2 排放权初始分配多目标优化决策模型，利用 MATLAB 工具软件，采用理想点法求得最优结果，各企业的削减率见表 2.7，削减量及削减总量见图 2.6。

表 2.7 在不同情景下各企业的 CO_2 排放权削减方案

企业	现状排放量/百万吨	削减率/%					削减配额比重/%				
		情景 1	情景 2	情景 3	情景 4	情景 5	情景 1	情景 2	情景 3	情景 4	情景 5
企业 1	24.23	4.41	9.31	7.22	5.7	6.47	7.29	15.40	11.94	9.43	10.69
企业 2	16.01	23.55	22.35	20.04	21.18	23.44	25.73	24.42	21.90	23.14	25.58
企业 3	4.53	14.69	17.88	9.98	18.36	16.89	4.54	5.53	3.09	5.68	5.22

续表2.7

企业	现状排放量/百万吨	削减率/%					削减配额比重/%				
		情景1	情景2	情景3	情景4	情景5	情景1	情景2	情景3	情景4	情景5
企业4	8.62	38.73	37.05	37.77	40	32.63	22.78	21.79	22.22	23.54	19.17
企业5	7.30	10.74	12.36	20.85	7.83	23.79	5.35	6.16	10.39	3.90	11.83
企业6	12.57	40	31.14	35.52	40	32.13	34.30	26.71	30.47	34.31	27.52

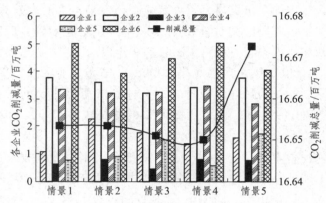

图2.6　各企业在不同情境下的CO_2削减量及削减总量变化

（五）分配结果和讨论

1. 综合分配结果分析

由表2.7和图2.6分析可知，在五种情景下，所有企业的减排总量占到了现状排放的20%左右，均满足设定减排目标的下限，同时6个企业被分为高、中、低三类减排目标，其中企业6属于高减排目标，企业2、4减排目标居中，企业1、3、5为低减排目标。此外还发现，在五种情景下，企业6的削减配额都占到了最大，这在很大程度上与企业6的碳生产率和减排成本较低、人均减排较高相匹配；反之，企业3和5的人均CO_2排放量是所有企业最低的，它们的碳生产率却处于最大，分别为501.14元/吨、351.41元/吨，这就促使允许碳排放量倾向于分配给这些碳生产效率较高的企业，因而出现了企业 3、5 的削减率值最小。碳生产率并非是决定削减量分配的唯一因素。企业 2 的环保投资在 6 个企业中较为突出，但由于单位环保投资负荷的 CO_2 排放量是 6 个企业最低的，所以为刺激企业进一步加大减排力度，其分摊的削减配额也应多一些；另外，企业 4 的 CO_2 排放量在所有企业中并不突出，但由于人均与单位经济规模负荷的 CO_2 排放量比较突出，因而分得的减排配额比重也较大；虽然企业 1 的 CO_2 排放量最大，占到了全部的 33.08%，而削减配额所占比重却居中，这主要取决于企业 1 的经济发展规模最大，占到了总的 59.2%，但单位经济发展规模负荷的 CO_2 排放量最小，同时其环保投资占到所有企业的 39.92%，若不考虑上述因素，对企业 1 分配较大的削减任务，势必会限制其控制区的经济发展，打击其减排的积极性。综上所述，不同企业在不同情景下分配结果有所变动，但总的变化趋势基本一致，这与各企业的社会经济发展状况相吻合。

同时由图 2.6 不难发现，在五种情景下，企业 1、5、6 的 CO_2 削减配额发生了剧烈变化，对不同权重的设置表现得十分敏感，其中企业 1 与企业 6 的变化幅度截然相反，这与企业自身某几个指标组合比较突出相关。与其他企业相比，在偏重公平性情景下企业 6 的 3 个公平性指标较为突出，从而在此情景下 CO_2 削减量达到最高，由于企业 1 的单位工业增加值负荷的 CO_2 排放量较小，因此相对其他情景而言，在偏重环境经济效益情景下削减量达到最大。企业 5 的削减成本和排放方差较为突出，导致在偏重减排费用和生产连续性情景下削减最大。然而企业 2、3、4 的各指标值变化幅度较小，因此削减配额波动较为平缓。综上，不同权重的设置会对最终排放权分配结果产生较大的影响，环境决策者的行为选择须慎重。从减排总量来看，在生产连续性情景下控制区的减排力度最大，为 1 467.22 万吨，表明环境决策者在分配过程中更趋向于企业生产连续性，而在偏重公平性情景下却与之相反。

2. 偏重经济效益

本章经济效益分为环境经济效益和减排费用两部分，经济效益最优性是大多数企业首要考虑的重要目标之一。在偏重环境经济效益情景下，单位工业增加值负荷的 CO_2 排放量高的企业一般都是在低利润的产业链底端，不利于经济的可持续发展。从决策者角度，减排费用则越小越好。建立碳交易市场的主要目的是充分挖掘各企业的减排潜力和尽可能地减少减排费用，承担较大减排任务的企业就会从其他企业购买剩余配额以实现减排目标，卖配额的企业将会通过市场交易机制获得资金促进发展，同时确保减排技术得到高效的转让，从而使企业间达到平衡。因此，偏重经济效益的决策行为有利于提高减排效率和减排成本的有效性。

3. 偏重公平性

根据丁仲礼（2009）的研究，任何一个发达国家在成为经济强国的过程中不可避免地都会经历人均 CO_2 排放达到最高。这种现象也出现在任何一个企业发展过程中，即企业发展规模的扩大总会导致大量 CO_2 排放。这些事实表明人均 CO_2 排放量较高、经济发展规模较好同时环保投入较大的企业应该承担更多减排任务，以节省更多的排放空间给发展较落后的企业，以实现控制区分配结果更加公平。调整产业结构对企业来说是一种重要的发展策略，公平性指标值高的企业分配较大的减排目标，能够帮助能源密集型企业结合自身发展状况调整产业结构，选择一种最优的发展结构。因此，设定减排上限的强制性减排可能对企业施加压力，但有助于促进企业高效的低碳经济发展。

4. 偏重生产连续性

中国正在加快工业化进程，大多数企业属于生产加工和能源密集型产业，其生产连续性就显得尤为重要，一旦生产过程出现停滞，企业的损失是严重的。限制其 CO_2 排放在一定程度上会影响企业的正常生产运作，因此，在进行 CO_2 排放权分配过程中必须考虑企业的生产连续性。存在两种维持企业生产连续的方式：

在管理制度上，企业可以采取激励制度和裁减冗员，提高员工的劳动生产率；在生产上，翻新设备和引进先进的生产技术，提高企业设备的利用水平。如果碳交易市场一旦建立，减排目标高的企业可以采取这两种措施维护企业生产的连续性，不仅提高了整个企业的运作效率，同时实现了提高能源利用效率，控制其 CO_2 排放的目的。

（六）本章小结

基于经济最优性、公平性与生产连续性原则，构建企业 CO_2 排放权分配的多目标决策优化模型，并将其应用于既定企业的 CO_2 排放权分摊。根据模型分析得出在五种情景下，企业 6 承担着最大的减排任务，企业 3 的减排任务最小，研究表明减排成本较小、经济发展规模较好及公平性指标值较高的企业更可能承担较大的减排任务。

在对目标决策选择的敏感性分析中，尽管权重的设置对 CO_2 排放权最终的分配结果有所影响，但总的变化趋势基本一致，表现出排放量越大其削减量越大。

第三章　重庆市工业碳排放资源利用效率分析

在设计和构建碳交易市场的工作中，如何选择和设定碳交易的主体是其中一项重要内容。根据欧盟和美国等现有的碳交易市场的实践经验，市场的设计者通常将碳交易主体选择范围限定在工业部门中，同时我国的约束性节能减排工作也主要在工业部门中实施。因此，工业部门是我国设计与构建区域碳交易市场时主要的交易主体来源。但是在实施碳交易时，并不是所有的工业行业和企业都会被包含在内。那么，如何进行科学合理的碳交易主体筛选呢？有观点认为，我国在进行碳交易主体筛选时只需照搬其他国家的经验，他们选择什么企业，我们也选择什么企业。但我国与欧盟、美国等发达国家的工业经济状况具有很大差异，同时，国内不同低碳试点之间也存在较大的差异，为了提高区域碳交易市场优化碳排放资源效率的能力，有必要针对具体区域进行工业碳排放资源利用效率分析。

第一节　重庆市工业耗能相关碳排放驱动因素研究

工业化建设是我国经济发展和碳排放增加的主要原因：一方面，工业是我国 GDP 的最大贡献者，自 1999 年以来，我国工业对 GDP 的年均贡献稳定于 50% 左右；另一方面，工业已成为我国碳排放的主要来源，密集的能源强度以及我国以煤炭为主的能源结构是我国工业碳排放量巨大的主要原因。根据环境库涅茨理论，随着我国经济的进一步发展，东南沿海将进行产业更新，我国工业将继续向内陆中西部地区迁移，形成我国东南沿海发达地区以高技术密度、高附加值型工业为主，中西部地区以劳动密集、能源密集型工业为主的新格局。因此，我国东南沿海发达地区和中西部地区在工业结构上存在较大差异。在设计和建设区域碳交易市场的过程中，为了更好地选择碳交易主体，有必要对具体省市的工业部门碳排放影响因素和影响力进行分析。因此，在设计和构建碳交易市场的过程中，如何对区域产业结构及其对碳排放的影响作用进行量化分析，不仅能够为碳交易主体筛选提供信息支持，还能够用于预测碳交易市场建设后能够达到的碳减排潜力。

在设计和构建碳交易市场的低碳试点省市中，与北京、上海和广州等发达地区不同，重庆具有中西部工业城市鲜明的特征。作为最年轻的直辖市，重庆不仅是我国中西部经济建设的重镇，也是国家发展和改革委员会批准的首批国家级低碳试点城市之一。作为中西部承接东南沿海工业转移的排头兵，重庆吸引了大量工业企业落户当地，在发展区域经济的同时，有效带动了周边省市的经济增长。同时，作为全国首批"低碳试点"城市，重庆须超额完成国务院《"十二五"控制温室气体排放工作方案》中分解下达的碳减排任务——"'十二五'期间单位地区生产总值二氧化碳排放减少17%"，以凸显低碳试点的先进示范作用。碳排放权是发展工业不可或缺的必要资源，因此，如何充分提高工业碳排放效率，在发展工业经济的同时完成碳减排任务，已成为重庆未来经济发展要面对的主要问题之一。研究重庆市工业低碳发展的问题，不仅有利于当地工业经济的低碳可持续发展，也能够为我国中西部同样面临此类问题的省市提供参考。

为了更好地利用碳排放权资源，在发展工业的同时降低其碳排放强度，有必要研究工业能耗相关碳排放变化的驱动因素（孙作人，周德群，周鹏，2012；王栋，潘文卿，刘庆，2012；

Shenggang，Xiang，Xiaohong，2012）。国内外众多机构和学者对碳排放变化驱动因素的研究主要是通过因素分解分析，识别主要驱动因素，并据此提出政策建议。国外对能耗和碳排放变化影响因素的分解研究开展较早，如1978年Myers和Nakamura采用分解分析技术研究了美国2个工业部门的阶段性能耗变化影响因素，自此，因素分解分析研究不断进步与完善，成为国际公认有效的能耗与碳排放关键影响因素的研究工具。近年来，相关研究进一步发展：Claudia和Leticia（2010）对1970—2006年墨西哥钢铁行业的能耗和碳排放影响因素进行了分解与识别，Gürkan（2011）采用分解分析技术，研究了1970—2006年土耳其碳排放变化的驱动因素，并识别出关键驱动因素为输出效应。Hammond和Norman（2012）对英国制造业的碳排放影响因素进行了分解分析，认为产出效应、工业结构、能源强度和电力排放因子均对英国制造业碳减排起到了促进作用，并识别出首要碳减排因素为能源强度下降。

作为全球最大的工业国，中国工业碳排放影响因素研究已成为理论界关注的热点。该领域研究范围划分方式可分为按区域划分和按行业划分：Shenggang、Xiang和Xiaohong（2012）将中国31个省级行政区划分为9个区域，对比研究了"十一五期间"各区域工业能耗相关碳排放变化的驱动因素。该研究将我国工业能耗相关碳排放影响因素分解为排放因子、能源结构、能源强度、工业结构和工业产出，并认为就国家层面而言，碳排放增加的主要原因是工业经济发展，而同一影响因素对不同区域碳排放产生了不同的影响，如能源结构因素在促进了珠江区域工业碳减排的同时，成为国内其他区域工业碳排放增加的主要贡献者。王栋，潘文卿和刘庆（2012）对1997—2007年产业碳排放影响因素进行了两阶段分解分析，研究证实相同影响因素对工业碳排放的影响作用在不同行业和不同时间各不相同：1997—2002年，能耗强度的CO_2排放影响力极大值为33 092万吨（电力、热力生产和供应业），极小值为 −24 795 万吨（金属冶炼及压延加工业）；2002—2007 年，能耗强度的 CO_2 排放影响力极大值为 3 576 万吨（交通、仓储及邮电通信业），极小值为 −82 363 万吨（电力、热力生产和供应业）。可见，即使是同一个行业，在不同时间段，同一因素对碳排放的影响也可能产生较大的差距。尽管影响因素对碳排放的作用随着区域、行业和时间的不同体现出较显著的差异，但相关研究也从国家和区域等不同层面证实了同一因素对工业碳排放的影响存在一定共性：孙作人、周德群和周鹏（2012）对1994—2008 年我国工业 36 个行业碳排放的影响因素进行了分解研究，并认为能源强度因素可能成为我国未来工业碳减排的主要驱动因素。佟新华（2012）将 1987—2009 年能源结构、能源强度、经济结构、进行发展和人口规模等因素对我国工业碳排放的影响进行了分解分析，并识别出我国工业碳减排的主要驱动因素为能源强度。彭俊铭和吴仁海（2012）研究了 1998—2009 年珠三角碳排放主要影响因素，并将能源效率识别为碳减排的关键驱动因素。张纪录（2012）对 1995—2010 年我国中部六省碳排放影响因素的影响力进行了分解研究，并识别出主要碳减排驱动因素为能源效率。张秋菊、王平和朱帮助（2012）对 1997—2007 年我国六部门碳排放进行了分解分析，并识别出碳减排的主要因素为能源强度，促进碳排放增加的主要因素为产业结构。

从以上研究来看，关于我国工业能耗相关碳排放影响因素的分解研究仍存在以下问题：

（1）相关研究表明，同一因素对我国不同时期、不同区域和不同行业的其碳排放影响具有较大差距。目前基于重庆工业分行业数据的相关研究较少，其他地区相关研究无法代表重庆市现实状况。

（2）国内相关研究理论推导较多，实证分析比较缺乏，迄今为止，仅有数篇文章，难以对重庆市未来工业低碳发展提供切实有效的政策建议。

本部分基于 1999—2011 年时间序列数据，在对重庆市工业耗能相关碳排放（简称"工业碳排放"）及其影响因素进行时间序列分析的基础上，采用因素分解分析技术，研究了重庆市工业碳排放的关键驱动因素及其影响力。

一、研究框架

本章主要研究重庆工业碳排放影响因素及其影响力，首先进行各影响因素对工业碳排放影响机制的理论分析，在此基础上建立本研究的逻辑模型和数学模型。其次结合时间序列数据分析与因素分解分析两个视角进行递进的实证研究，其中：时间序列数据分析主要基于 1999—2011 年重庆工业能耗和经济统计数据，比较重庆市工业能耗、碳排放以及各影响因素的发展走向，对其未来发展趋势进行分析与预测；因素分解分析采用 LMDI 技术将各影响因素对重庆市工业碳排放的影响力彻底分解，并在此基础上进行较分析，识别关键驱动因素。最后将前文的机制研究与实证分析相结合，进行综合分析，提出促进重庆工业低碳发展的政策建议。本章研究框架如图 3.1 所示。

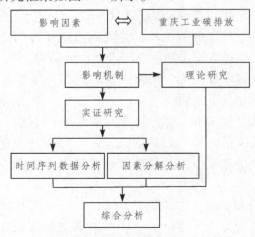

图 3.1　工业碳排放驱动因素研究框架

二、研究模型

（一）影响机制

根据能源环境影响因素研究中著名的 ASIF 恒等式，可对工业碳排放影响因素进行分解，ASIF 恒等式的基本形式可表示如下：

$$E = A \times S \times I \times F$$

式中：E、A、S、I、F 分别表示能耗量、活动水平（Activity）、行业结构（Structure）、能源强度（Intensity）和能源使用情况（Fuel Use）。在碳排放影响因素研究中，可对 ASIF 恒等式进行改进，增加能耗对应的碳排放量等内容，以 EF 表示。改进后的 ASIF 恒等式可表示为：

$$C = A \times S \times I \times F \times EF$$

在改进 ASIF 恒等式的基础上，结合国内外相关文献提出的工业碳排放关键驱动因素，设计本章拟研究因素为能源碳强度、能源结构、能源强度、行业结构、行业产出等。各影响因素对区域工业碳排放水平的影响机制可归纳如下：

1. 能源碳强度对工业碳排放的影响

能源的碳排放强度能够直接影响区域工业碳排放量。能源的碳排放强度又称能源碳排放因子，可以理解为消耗单位能源产生的碳排放量。显然，能源的碳排放强度越高，消耗同样发热值能源将产生越多的碳排放。

2. 能源结构对工业碳排放的影响

由于不同能源的碳排放强度具有差异，因此能源结构的变化可能对工业碳排放量产生影响。根据国际经验，如巴西等国由于对能源结构进行调整，增加可再生能源的比率，产生了显著的碳减排效果。（Lucian，Shinji，2011）

3. 能源强度对工业碳排放的影响

通过改进燃料、设备和管理技术以及提高行业规模等手段，有助于降低工业能源强度。工业能源强度的降低，预示着完成等量工业产值所需要的能耗量更少，碳排放也更少，因此能源强度降低有助于降低工业碳排放水平。

4. 行业结构对工业碳排放的影响

牛鸿蕾和江可申（2012）认为，不同于工业行业的碳排放强度各不相同，电力、燃气及水的生产和供应业等碳排放密集型行业碳排放强度约为 2.436 吨碳/万元，而通信设备、计算机及其他电子设备制造业等行业碳排放强度仅为 0.002 吨碳/万元，约等于电力、燃气及水的生产和供应业等行业碳排放强度的 0.08%。因此，工业行业结构的变化可能对行业能源强度产生影响。

5. 行业产出对工业碳排放的影响

行业产出水平对工业碳排放的影响主要体现在活动水平上。根据环境库兹涅茨曲线理论，工业化初期到中期，行业产出水平增加往往与工业品生产总量上升相联系，在单位产出碳排放强度不变的情况下，行业产出增加预示着碳排放总量上升；接下来，随着技术进步和工业化的进一步发展，产业升级和工业品附加值增加，相同规模的产值可能对应较少数量的新产品，因此产值与碳排放可能出现解耦（Sorrell 等，2009）。根据我国工业经济背景，推断出我国工业现处于环境库兹涅茨曲线的左边。

（二）研究模型概述

在前文影响机制分析的基础上，将重庆工业碳排放影响因素逻辑模型设计如图 3.2 所示。

重庆工业碳排放影响因素分解数学模型表示如下：

$$C = \sum_{ij} C_{ij} = \sum_{ij} \frac{C_{ij}}{E_{ij}} \times \frac{E_{ij}}{E_j} \times \frac{E_j}{G_j} \times \frac{G_j}{G} \times G$$

式中：C 表示重庆工业碳排放量，单位为吨碳；E 表示重庆工业

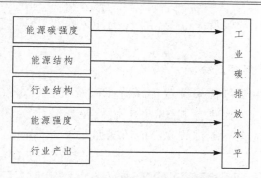

图 3.2　重庆工业碳排放影响因素分解模型逻辑结构

能耗量，单位为吨标煤；G 表示工业产值，单位为万元；i 表示能源类型，包含原煤、焦炭、汽油、煤油、柴油和天然气等六种能源；j 表示行业类型，包含采矿业、制造业以及电力、燃气及水的生产和供应业在内的 38 种工业行业。因此，重庆工业碳排放可进一步表示为：

$$C = \sum_{ij} EF_{ij} \times ES_{ij} \times EI_j \times IS \times G$$

式中：EF_{ij} 表示能源 i 的碳排放强度；ES_{ij} 表示行业 j 的能源结构；EI_j 表示行业 j 的能源强度；IS 表示行业结构；G 表示工业产值。

三、实证研究

（一）数据说明

本章采用的研究数据主要有重庆市历年（1999—2011 年）工业分行业产值和工业分行业能耗相关数据以及 IPCC 能源碳排放因子等，数据主要来源于历年《重庆统计年鉴》和《IPCC 温室气体排放清单制作指南》等。由于《重庆统计年鉴》中工业能耗包括一次能源消费和二次能源（电力）消费，同时工业行业包括电力行业。电力的生产和消费具有特殊性，本地生产与消费的电力在并入国家电网后难以按行政区划进行分离，因此本研究不计电力消费情况。在计算重庆市工业分行业碳排放量时，采用 IPCC 碳排

放计算方法，选取重庆市工业能耗统计数据和 IPCC 排放因子进行
计算获得。

（二）时间序列分析

本研究主要包含采掘业，制造业以及电力、煤气及水的生产
和供应业等三个大类，共 38 个工业行业。经计算 1999—2011 年
重庆市工业能耗、碳排放和产值情况如图 3.3 所示。

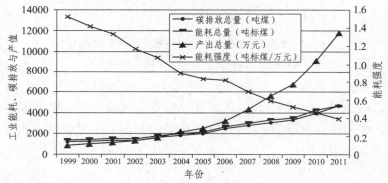

图3.3 重庆市历年工业能耗、碳排放与产值情况

可见，1999 年以来，重庆市工业能耗、碳排放与产值持续增
长，但工业能源强度持续显著下降，这是因为相对于工业产值的
迅速增长而言，能耗与碳排放增长较为缓慢。2011 年重庆市工业
能耗与碳排放分别相当于 1999 年水平的 354.50% 和 411.07%，
但工业总产值相当于 1999 年水平的 1 379.93%。2011 年，重庆市
单位工业产值能耗量和碳排放量分别相当于 1999 年水平的
25.69% 和 29.79%，工业能源强度和碳排放强度显著降低。同
时，虽然重庆市工业能耗与碳排放曲线高度耦合，但碳排放增长
率略高于能耗增长率，说明重庆市工业能源的碳排放强度有所增
加。由于能源的碳排放强度受能源碳排放因子和能源结构影响，
且本研究所采用的能源碳排放因子均为 IPCC 缺省排放因子，因此
重庆市工业能源碳排放强度的增加说明，研究期间重庆市工业能
源结构可能朝着碳强度增加的方向变化。

重庆市工业能耗结构如图 3.4 所示。

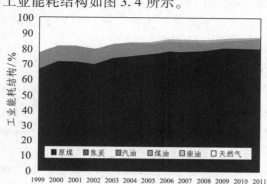

图 3.4　1999—2011 年重庆市工业能源结构

图 3.4 显示，1999—2011 年，重庆市工业耗能主要为原煤、焦炭和天然气。研究期间，重庆市工业消耗各种能源据持续增加，2011 年重庆市工业消耗的原煤、焦炭、汽油、煤油、柴油和天然气分别为 1999 年水平的 429.84%、213.10%、184.20%、187.45%、424.75 和 189.70%。就能源结构而言，1999—2011 年，重庆市工业消耗原煤和柴油占总能耗的比例显著增加，其他能源消耗的比例均持续减少；2011 年，原煤和柴油消耗占工业能耗总量的比例分别为 81.26% 和 0.72%，而 1999 年这两种能源消耗量占工业能耗总量的比例分别为 67.02% 和 6.01%；2011 年，焦炭、汽油、煤油和天然气占工业能耗总量的比例分别为 6.35%、0.27%、0.02% 和 11.37%，而 1999 年以上四种能源消耗量占工业能耗总量的比例分别为 10.57%、0.53%、0.04% 和 21.25%。因此，1999—2011 年，重庆市工业能源结构中原煤的比例显著增加，表明研究期间重庆市工业能源结构朝向高碳方向变化，2011 年原煤占工业能耗总量的比例比 1999 年上升了 21.25%。

（三）因素分解分析

工业碳排放变化是受多项因素综合影响的结果，为了研究各因素对重庆市工业碳排放的影响，必须将各因素的影响进行彻底分解，以测算其实际影响力。因素分解研究数据处理方法包括 Divisia、Laspeyres、Paasche、Fisher、hapley/Sun、Marshall－Edgeworth 和投入产出（input－output）等十余种，应用最为广泛的是 Laspeyres 分解算法体系和 Divisia 分解算法体系。但 Laspeyres 算法在分解后存在较显著的残差项，影响分析结果的准确性（Ang，Zhang，2000），而 Divisia 分解算法体系中的 Log－Mean Divisia Index Method（LMDI）算法具有弹性优异、实用性强（常世彦，胡小军，欧训民，等，2010）、残差分解完全、聚集一致性好（Ang 和 Liu，2009）等特点，故本章选择 LMDI 算法作为因素分解分析算法。

由于前文所述数学模型（式 3.1）已考虑到影响因素涵盖广泛和分解彻底的设计思想，故采用该数学模型作为因素分解分析的基础模型。在数学模型的基础上，采用 LMDI 算法对式（3.1）进行变化量分解（additive decomposition）（Ang，Liu，2009），得到：

$$\Delta C_{t_0 t} = C^{\mathrm{T}} - C^0 = \Delta C_{\mathrm{EF}} + \Delta C_{\mathrm{ES}} + \Delta C_{\mathrm{EI}} + \Delta C_{\mathrm{IS}} + \Delta C_G$$

$$\Delta C_K = \sum_{ij} \frac{C_{ij}^{\mathrm{T}} - C_{ij}^0}{\ln C^{\mathrm{T}} - \ln C^0} \ln\left(\frac{K_i^{\mathrm{T}}}{K_i^0}\right), \quad K = \mathrm{EF},\ \mathrm{ES},\ \mathrm{EI},\ \mathrm{IS},\ G$$

式中：$\Delta C_{t_0 t}$、ΔC_{EF}、ΔC_{ES}、ΔC_{EI}、ΔC_{IS}、ΔC_G 分别表示在能耗排放因子 EF_{ij}、能源结构 ES_{ij}、能源强度 EI_j、行业结构 IS、工业产值 G 等因素的影响下重庆市工业碳排放产生的变化量。由于宏观测算工业碳排放时，采用每一个工业企业能耗的具体燃料排放强度是不可能也是不准确的，所以排放因子数据 EF_{ij} 直接取自 IPCC 排放因子缺省值，故在计算排放因子影响力时不再计算该因素。

图 3.5 显示，1999—2011 年，在能源结构、能源强度、产业结构和工业产值四种因素影响下，重庆市工业碳排放变化情况。

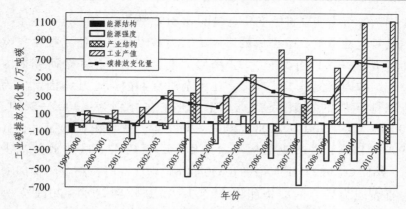

图 3.5　1999—2011 年重庆市工业碳排放变化量分解

1999 年以来，重庆市工业碳排放有以下特点：① 碳排放总量逐年
递增，仅有 2001—2002 年 1 个时间段减排 167 368 吨碳，约为
2001 年碳排放总量的 1.30% ；② 碳排放增量呈持续波动上涨状
态，且增幅显著，2010—2011 年重庆市工业碳排放增加了
46 250 599 吨碳，而研究期初 1999—2000 年碳排放增量仅为
1 011 126.635 吨碳，可见 2010—2011 年重庆市工业碳排放增量约
为 1999—2000 年水平的 630.95% 。

　　1999—2011 年，重庆市工业碳排放增长的主要因素为工业产
值，自研究期开始，该因素一直呈现出显著的碳增排效应。其中
该因素影响力的极大值出现在 2010—2011 年，为 11 134 964 吨
碳；极小值出现在 1999—2000 年，为 1 340 646.223 吨碳，极大
值和极小值分别约等于当期碳排放变化总量的 132.59% 和
174.54% 。可见，工业经济发展是重庆市工业碳排放量增加的主
要驱动因素。重庆工业碳排放的主要减排因素是能源强度，除
2005—2006 年外，能源强度一直表现出较强的碳减排能力并呈波
动性增加的态势。受能源强度因素影响产生的碳减排极大值出现
在 2007—2008 年，该期共减排 6 677 967 吨碳；碳减排极小值出
现在 2000－2001 年，该期共减排 43 733.2 吨碳，极大值和极小值

分别约等于当期碳排放变化总量的 6.81% 和 237.35% 。产业结构因素对重庆市工业碳排放的影响力具有波动性。本研究根据自然年将 1999—2011 年划分为 12 个研究期，其中，在 8 个研究期内产业结构因素促进了碳减排，在 4 个研究期内产业结构因素成为碳减排增加的贡献因素，这四个研究期分别为：2003—2004、2004—2005、2007—2008、2008—2009 年。就累积影响而言，自 1999 年以来，受产业结构因素的影响，重庆工业碳排放共减少 −5 961 326.982 吨碳，增加 6 630 443 吨碳。同时，产业结构因素一直表现为较好的减排能力，2009—2010 年和 2010—2011 年分别减排 206 627 吨碳和 2 071 827 吨碳，分为约为同期碳排放变化总量的 3.08% 和 32.48% 。1999—2011 年，能源结构因素未对重庆市工业碳排放产生显著影响。

（四）影响因素分析

重庆市工业碳排放影响因素的影响力及其发展趋势可总结如下：

1. 工业化水平增长是重庆市工业碳排放增加的主导因素

在我国经济水平稳定增长、工业化进一步发展的预期下，重庆市工业产值将可能保持持续增长的趋势：首先，在我国经济持续稳定增长的宏观背景下，重庆市工业经济有望得到进一步发展。其次，随着我国经济增长，东南沿海发达地区工业向中西部转移，为承接东南沿海区域工业转移，重庆市做了大量工作，这将为重庆市工业的进一步发展带来新的机遇；同时重庆市为发展工业做了大量工作，一方面城乡统筹试点的建设加快了重庆市城市化的进程，为重庆市发展工业提供了大量土地资源和劳动力资源，另一方面重庆市近年来专注于物流通道建设，已建成包含"渝新欧"铁路大通道、航运航空货运通道等在内的六大物流通道，另外正在开展"重庆—东盟"国际公路通道等一系列新的国际物流通道建设。国际物流通道的建设极大地提升了重庆市的物流能力，为重庆市工业产品和原材料的流通创造了优异的条件，有利于重庆市工业的进一步发展。因此，未来重庆市工业将有可能保持持续迅速发展的态势，受此影响，重庆市工业碳排放总量将可能进一步增加。

2. 技术进步是促进重庆市工业碳排放减少的主要原因

重庆市工业碳减排的主要促进因素是能源强度因素。1999—2011 年，虽然重庆市工业能耗总量持续增加，但其增长远逊于工业产值的增长。因此，10 余年重庆市工业能源强度显著下降（如图 3.3 所示）。究其原因主要是：一方面，随着重庆市的工业化发展，技术进步带来产业升级，工业产品的附加值持续增加，导致单位产值能耗量下降；另一方面，随着新技术、新设备投入使用，重庆市工业产品的单位能耗持续下降，进一步促进了重庆市工业能源强度的降低。目前，重庆市正在大力引进资金，发展工业经济，在此过程中，若能够重视技术进步对能源强度降低和碳减排的促进作用，进一步引进新技术、新设备，将有望继续促进能源强度下降和碳减排。

3. 产业结构优化是重庆市未来工业碳减排的可行方向

产业结构因素对重庆市工业碳排放的影响力具有波动性。研究显示，12 个研究期中，产业结构因素在 8 个研究期成为促进碳排放增加的因素，在 4 个研究期有利于碳减排。这不仅说明重庆市过去的产业结构没有经过有效的低碳规划，也说明该因素对工业碳排放具有较大的影响力。如果未来重庆市对工业产业结构进行低碳规划，并促进产业结构优化，将产业结构因素的碳减排潜力释放出来，将有利于重庆市工业的低碳发展。

4. 能源结构优化具有较大的碳减排潜力，但目前进行能源结构调整仍存在一定困难

虽然根据巴西等国的经验，能源结构优化具有较大的碳减排潜力，但 1999—2011 年，能源结构因素未对重庆市工业碳排放产生显著影响，这是因为研究期间重庆市工业能源结构并未产生显

著的变化。2011 年，重庆市工业能耗中，煤炭和焦炭的比例分别约为 81.26% 和 6.35%，约合计 87.61%，可以说，除电力外，重庆市工业能耗几乎有九成为煤炭产品。由于煤炭产品的碳排放强度巨大，若能对能源结构进行优化，在降低煤炭产品消耗比例的同时，大力采用生物能源、风能、水电、太阳能等可再生能源，将可能显著降低重庆市工业碳排放强度。但由于目前发展工业经济的需要，能源结构调整具有较大的难度，因此，虽然能源结构优化具有较大的碳减排潜力，但目前进行能源结构调整仍存在一定困难。不过，随着未来科学技术的进步，能源结构优化将可能成为未来重庆市工业碳减排的有效途径。

（五）结论与启示

本章在分析各因素对重庆市工业碳排放变化影响机理的基础上，构建了重庆市工业碳排放变化影响因素分解模型，然后结合时序数据分析和因素分解分析对过去 10 多年（1999—2011）间重庆市工业碳排放变化影响因素开展实证研究，最后在识别关键驱动因素的基础上对各因素未来的变化趋势进行分析。

（1）重庆市工业碳排放增长的主要原因是重庆市工业经济的发展，而能源强度因素是重庆市工业碳减排的主要影响因素，产业因素对碳排放变化的影响存在波动，能源结构对重庆市工业碳排放变化没有表现出显著影响。

（2）根据社会经济发展趋势，未来经济增长和工业化发展对重庆市工业碳排放变化的正向促进作用将仍将持续。

（3）技术进步和产业结构优化可能成为未来重庆市工业碳减排的主要促进因素。第四，虽然能源结构具有较大的碳减排潜力，但未来重庆市工业能源结构调整仍存在一定困难，不过随着科技发展，长远来看，该因素可能成为未来重庆市工业碳减排的有利因素。

实证研究表明：重庆市工业碳排放增加的主要驱动因素是工

业化发展，在重庆市工业化进一步发展的预期下，重庆市工业碳排放总量将可能进一步上升。为了促进重庆市工业低碳发展，完成国务院对重庆市下达的碳减排约束性目标，建议重庆市未来大力引进新技术、新设备，促进技术进步，以降低单位工业产值的碳排放强度，同时，在未来工业发展的过程中，重庆市有必要对其工业进行产业发展规划，促进其产业优化，以发挥产业结构的碳减排潜力。长远而言，若能够大力采用可再生能源和低碳能源，减少原煤和焦炭等煤炭产品的消耗比例，改变重庆市工业能耗的高碳结构，将有利于重庆市工业碳排放强度的进一步下降。

第二节　重庆市工业行业碳排放资源利用效率研究

在设计和构建碳交易市场时，筛选碳交易主体的一个重要指标就是碳排放资源利用效率，即选择碳排放资源利用效率较低的行业和企业作为碳交易市场的交易主体。本部分主要研究碳交易市场设计和构建过程中与碳交易主体筛选息息相关的工业碳排放利用效率，并以中西部低碳试点和工业重镇重庆市为例，探讨不同工业行业碳排放资源利用效率的差异。在此基础上，根据不同行业的碳排放资源利用效率差异，对工业行业进行聚类分析，以提高碳交易主体筛选的客观性和合理性。

过去，工业的资源利用效率和资源配置效率的相关研究主要集中于资本、劳动力和能源等资源，其中具有代表性的是 Li（1997），Li 通过分析资源配置效率和资源边际生产率的变化，研究 20 世纪 80 年代中国工业改革绩效，并发现研究期内我国工业资源配置效率和资源边际生产率都有显著增长。

随着气候变化和低碳发展日益成为研究热点，近期出现了一些针对碳排放资源的相关研究：岳书敬（2011）将能源和碳排放作为投入要素，研究能源、碳排放、资本和劳动力等资源的配置效率问题和资本配置效率影响因素，研究建立了低碳经济发展与资本流动间的关系；陈诗一（2011）分析了全国工业全行业的碳排放效率变化，认为我国工业碳排放强度波动下降（碳排放效率波动上升）模式产生的主要原因是能源生产率的提高，能源结构和工业结构调整在此过程中没有起到决定性作用。

在我国产业经济转型背景下，许多研究聚焦于发达地区产业优化与升级，通过资源利用效率的比较与分析，为区域产业结构优化提供信息支持，具有代表性的是陈诗一和吴若沉（2011）、徐大丰（2012）等分别以上海为背景的研究：陈诗一和吴若沉（2011）评估了上海和全国产业能源强度和碳排放资源利用率的基础上进行对比分析，并筛选出适合上海市低碳发展的 9 大优势产业；徐大丰（2012）则对上海和陕西的碳生产率差异进行了基于投入产出数据的分析，得到了产业碳生产率的区域差异和行业差异，并据此提出了发达地区和中西部欠发达地区利用各自比较优势进行产业合作的构想。

从以上研究来看，关于我国工业碳排放资源利用效率的相关研究仍存在以下问题：

（1）现有研究集中于碳排放资源利用效率的测度，或碳排放强度变化影响因素的分解研究，考虑工业碳排放资源利用效率动态变化的研究较少，获得的研究结论具有一定局限性，对区域工业行业优化的指导有限。

（2）相关研究表明，我国不同时期、不同区域和不同行业的碳排放资源利用效率具有较大差异。目前相关研究集中于全国和发达地区，针对中西部地区的研究较少，现有其他地区或全国的研究无法代表中西部地区现实状况。

（3）国内相关研究理论推导较多，实证分析比较缺乏，迄今为止，仅有数篇文章，难以对我国中西部地区在承接东南沿海发达地区产业转移过程中进行产业筛选提供切实有效的政策建议。

本部分选择我国中西部工业重镇——重庆市——作为研究对象，基于1999—2011年时间序列数据对重庆市工业碳排放资源利用效率进行全行业分析，并从工业碳排放竞争力、工业碳排放生产力增长率和工业碳排放生产力三个维度进行工业行业的聚类分析，对重庆市不同工业行业的碳排放资源利用效率进行比较研究。

一、研究框架

本节主要研究重庆工业碳排放资源利用效率。首先，对工业经济发展和碳排放资源利用效率关系与现状进行理论分析，在此基础上建立本研究的三维评价模型。其次，结合时间序列数据分析与三维聚类分析两个视角进行递进的实证研究，其中：时间序列数据分析主要基于1999—2011年重庆工业能耗和经济的统计数据，比较重庆市不同工业行业产出、能耗、碳排放以及碳排放资源利用效率的变化状况，对其未来发展趋势进行分析与预测；三维聚类分析是依据工业碳排放竞争力、工业碳排放生产力增长率和工业碳排放生产力三个维度对重庆市不同工业行业进行聚类分析，并在此基础上进行比较研究，识别适合重庆工业低碳发展的标杆行业和需限制的整改行业。最后，将前文理论研究与实证分析相结合，进行综合分析，提出促进重庆工业低碳发展的政策建议。本节研究框架如图3.6所示。

二、评价模型

为了研究重庆市工业碳排放资源的利用效率，需筛选适当的指标对重庆市工业碳排放资源的利用效率进行评价。关注资源利用的研究很多，但长期以来对生产率的度量往往集中于传统的资本和劳动要素，很少考虑到与可持续发展息息相关的能源和环境因素（陈诗一，吴若沉，2011），而考虑到环境排污资源的研究往往着重研究水污染物、废气和固废等非均匀污染物，针对温室气体等均匀污染物的实证研究数量较少。在相关研究中，具有代

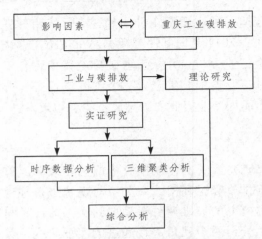

图 3.6　工业行业碳排放资源利用效率研究框架

表性的是陈诗一（2010）用碳排放量和工业增加值之比表示碳生产率；马涛等（2011）采用碳生产力和碳竞争力两项指标综合表示区域工业碳排放资源利用效率。可见，之前的研究虽然考虑到消耗碳资源产出工业增加值，以及该项投入产出效率的区域差异，但没有对该值的变化趋势进行度量与分析，且研究期往往以自然年为主，难以排除研究期过短带来的误差。基于以上考虑，本章拟在马涛等（2011）选用的二维评价模型基础上，对碳竞争力指标进行改进，用以描述同一个区域中工业行业的竞争力，并在此基础上增加碳生产力增长率，作为评价碳生产力变化趋势的指标，构建三维碳排放资源利用效率评价模型。该模型表述如下：

$$C_i^{\mathrm{pro}} = \frac{\sum_t \mathrm{IP}_{it}}{\sum_t \mathrm{E}_{it}^{\mathrm{CO_2}}}$$

$$C_i^{\mathrm{com}} = \frac{C_i^{\mathrm{pro}}}{\sum C_i^{\mathrm{pro}}}$$

$$\mathrm{CA}_i^{\mathrm{pro}} = (C_t^{\mathrm{pro}} - C_{t-1}^{\mathrm{pro}})_i$$

式中：C_i^{pro} 表示碳生产力，单位为万元/吨碳；IP_i 表示工业增加值，单位为万元；$E_i^{CO_2}$ 表示工业碳排放量，单位为吨碳；C_i^{com} 表示碳竞争力，用以度量区域内某工业行业碳生产力与区域工业碳平均生产力的比值；CA_{it}^{pro} 表示碳生产力增加值，用以度量区域内某工业行业碳生产力的变化情况，单位为万元；i 表示区域内工业行业类型，本研究共包含采矿业、制造业以及电力、燃气及水的生产和供应业在内的 38 种工业行业；t 表示研究年度，本章研究期为 1999—2011 年。可以看出，以上三个指标分别代表碳生产力大小、碳生产力与其他行业的比较、碳生产力的变化情况。

为计算以上指标，需首先计算各工业行业的碳排放量。目前，国内未发布官方工业碳排放数据，也没有颁布标准的工业碳排放清单编制指南，而国内外研究一般采用 IPCC（International Panel on Climate Change，IPCC）发布的《国家温室气体清单指南》提供的计算方法和排放因子对能源消耗产生的碳排放进行计算。因此，基于 IPCC《国家温室气体清单指南》方法与缺省排放因子，将工业碳排放计算公式设计如下：

$$E_i^{CO_2} = EC_{ij} \times fr_j \times EF_j$$

式中：EC_{ij} 表示能源消费量，固态和液态能源单位为万吨，气态能源单位为亿立方米；fr_j 为能源发热值，单位为千焦/万吨或千焦/亿立方米；EF_j 为碳排放因子，单位为吨碳/千焦。

三、实证研究

（一）数据说明

本章采用的研究数据主要有重庆市历年（1999—2011 年）分行业工业增加值和分行业工业能耗相关数据以及 IPCC 能源碳排放因子等，数据主要来源于历年《重庆统计年鉴》和 IPCC 发布的《国家温室气体清单指南》等。由于《重庆统计年鉴》中工业能耗包括一次能源消费和二次能源（电力）消费，同时工业行业中包括电力行业。电力的生产和碳排放具有特殊性，本地生产与消费的电力在并入国家电网后难以按行政区划进行分离，因此本研究不计电力消费情况。

（二）时间序列数据分析

本研究主要包含重庆统计年鉴中划分的 38 个工业行业，按其产出特性，划分为采掘业、制造业以及电力、煤气及水的生产和供应业等 3 个大类，研究涉及的 38 个工业行业如表 3.1 所示。

表 3.1　重庆市工业各行业及其代码

行业代码	行业名称	行业代码	行业名称	行业代码	行业名称
AA	煤炭开采和洗选业	AN	家具制造业	BA	金属制品业
AB	石油和天然气开采业	AO	造纸及纸制品业	BB	通用设备制造业
AC	黑色金属矿采选业	AP	印刷业、记录媒介的复制	BC	专用设备制造业
AD	有色金属矿采选业	AQ	文教体育用品制造业	BD	交通运输设备制造业
AE	非金属矿采选业	AR	石油加工、炼焦及核燃料加工业	BE	电气机械及器材制造业
AF	农副食品加工业	AS	化学原料及化学制品制造业	BF	通信设备、计算机及其他电子设备制造业
AG	食品制造业	AT	医药制造业	BG	仪器仪表及文化、办公用机械制造业
AH	饮料制造业	AU	化学纤维制造业	BH	工艺品及其他制造业
AI	烟草制品业	AV	橡胶制品业	BI	废弃资源和废旧材料回收加工业
AJ	纺织业	AW	塑料制品业	BJ	电力、热力的生产和供应业
AK	纺织服装、鞋、帽制造业	AX	非金属矿物制品业	BK	燃气生产和供应业

续表 3.1

行业代码	行业名称	行业代码	行业名称	行业代码	行业名称
AL	皮革、毛皮、羽毛（绒）及其制品业	AY	黑色金属冶炼及压延加工业	BL	水的生产和供应业
AM	木材加工及木、竹、藤、棕、草制品业	AZ	有色金属冶炼及压延加工业		

经计算，获得 1999—2011 年重庆市工业各行业碳排放量，由于篇幅所限，仅介绍 1999 年和 2011 年重庆市工业各行业碳排放量展示（见表 3.2）。

1999 年以来，重庆市工业碳排放、增加值与碳生产力均持续增长，这是因为虽然过去 10 余年重庆市工业碳排放持续增长，但其增速仍难以匹敌工业增加值的增速。2011 年重庆市工业碳排放相当于 1999 年水平的 411.07%，但工业增加值相当于 1999 年水平的 1 543.09%，工业增加值的增速远快于工业碳排放的增速。与此同时，重庆市工业碳生产力持续显著上升，2011 年重庆市工业碳生产力相当于 1999 年水平的 353.49%（见图 3.7）。

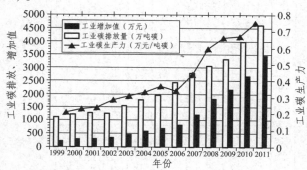

图 3.7　重庆市历年工业碳排放、增加值与碳生产力情况

对重庆市不同行业的工业增加值进行比较可知，重庆市工业

表3.2 重庆市工业各行业碳排放量

单位:吨碳

行业代码	1999	2011	行业代码	1999	2011	行业代码	1999	2011	行业代码	1999	2011
AA	2 049 509	15 661 801	AK	1 777.434	6 035.029	AU	141 630.5	3 624.228	BE	22 792.72	38 174.52
AB	3 497.517	40 593.14	AL	2 504.646	5 492.802	AV	78 644.93	105 335.6	BF	8 921.111	12 444.29
AC	5 909.626	32 752.91	AM	6 135.456	12 101.96	AW	6 071.621	15 843.93	BG	4 279.081	8 196.426
AD	3 875.845	39.642	AN	13 695.35	3887.409	AX	1 980 466	5 450 264	BH	8 637.734	17 557.79
AE	89 275.45	402 693.3	AO	70 462.67	720 505.9	AY	1 196 647	3 740 289	BI	0	5 659.356
AF	16 549.92	138 623.1	AP	1 362.213	9 730.989	AZ	24 530.35	458 972.2	BJ	3 640 166	11 540 974
AG	24 924.4	193 195.2	AQ	347.304	13.1425	BA	21 797.06	161 409	BK	129.546 5	4671.69
AH	92 191.61	101 388.1	AR	47 525.13	781 909	BB	29 683.43	173 381.4	BL	253.888 7	855.421 9
AI	33 205.03	14 418.38	AS	1 228 258	5 331 517	BC	6 803.334	18 470.71	总量	11 251 239	46 250 599
AJ	165 167.6	162 073	AT	153 962.2	208 166.6	BD	69 648.19	667 536.5			

增加值的主要贡献行业是制造业，1999—2011 年，历年制造业产生的工业增加值稳定保持在重庆市工业增加值总额的 85% 左右，1999 年该份额约为 85.32%，2011 年为 86.67%。而研究期间采矿业和电、热、水的供应业增加值占工业增加值总额的份额基本维持在 10% 以下，其中，采矿业增加值的份额逐年增加，1999 年为 3.99%，而 2011 年约为 6.56%；电、热、水的供应业增加值逐年减少 1999 年为 10.69%，而 2011 年约为 6.78%（见图3.8）。

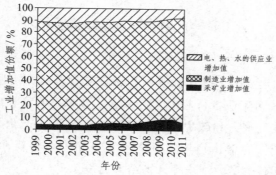

图 3.8　重庆市历年工业增加值分布情况

　　有趣的是，虽然重庆市工业增加值绝大多数由制造业创造，但重庆市工业碳排放的行业分布却比较均匀（见图 3.9）。1999—2011 年，制造业和电、热、水的供应业产生的工业碳排放逐年约有减少，而采矿业产生的碳排放则有显著增加。制造业、采矿业和电、热、水的供应业产生的工业碳排放占工业碳排放总额的份额如下：1999 年分别约为 48.52%、19.23% 和 32.36%；2011 年分别约为 40.14%、34.89% 和 24.97%，增加值稳定保持在重庆市工业增加值总额的 85% 左右，1999 年该份额约为 85.32%，2011 年为 86.67%。由于本研究将电力碳排放划分在生产端而非消费端，而制造业正是电力消费的主要行业，因此若将电力碳排放划分在消费端，可能产生不同结果。

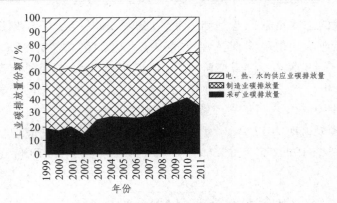

图 3.9　重庆市历年工业碳排放分布情况

（三）　模型评价与聚类分析

由前面建立的三维评价模型和官方统计数据，可测算 1999—2011 年重庆市工业各行业的碳资源利用效率，测度指标分别为碳生产力、碳竞争力和碳生产力增长率，依次代表产出量、行业比较差异和产出的增长趋势。2011 年重庆市工业各行业碳生产力、碳竞争力和碳生产力增长率计算结果见表 3.3。

表 3.3　1999—2011 年重庆市工业各行业碳资源利用效率

工业行业	C_i^{pro}	C_i^{com}	CA_i^{pro}	工业行业	C_i^{pro}	C_i^{com}	CA_i^{pro}
AA	0. 086 111	0. 172 04	0. 084 064	AV	2. 149 005	4. 293 444	6. 303 186
AB	1. 175 034	2. 347 573	− 0. 680 56	AW	12. 835 17	25. 643 08	106. 970 7
AC	0. 639 69	1. 278 021	2. 019 811	AX	0. 219 397	0. 438 328	0. 379 216
AD	5. 890 97	11. 769 43	143. 276 2	AY	0. 261 482	0. 522 409	0. 165 197
AE	0. 411 826	0. 822 776	0. 447 257	AZ	2. 612 905	5. 220 26	0. 140 123
AF	7. 256	14. 496 59	5. 372 719	BA	6. 416 146	12. 818 66	6. 820 784
AG	1. 945 717	3. 887 302	0. 993 915	BB	6. 272 055	12. 530 79	0. 074 933
AH	2. 408 877	4. 812 637	3. 880 577	BC	14. 194 96	28. 359 76	225. 702 7

续表 3.3

工业行业	C_i^{pro}	C_i^{com}	CA_i^{pro}	工业行业	C_i^{pro}	C_i^{com}	CA_i^{pro}
AI	22.129 26	44.211 5	53.923 92	BD	12.958 14	25.888 76	-1.692 97
AJ	1.005 487	2.008 838	2.798 14	BE	22.876 18	45.703 76	32.991 61
AK	23.051 4	46.053 82	38.190 28	BF	133.427 7	266.572	197.513 6
AL	27.060 36	54.063 23	45.367 31	BG	22.335 98	44.624 51	26.374 71
AM	1.306 856	2.610 936	4.520 154	BH	14.513 27	28.995 71	86.489 12
AN	12.414 62	24.802 87	36.783 33	BI	20.967 02	41.889 49	1.164 67
AO	0.402 976	0.805 095	0.235 24	BJ	0.117 203	0.234 157	0.112 422
AP	24.276 22	48.500 87	2.239 66	BK	76.702 13	153.241 3	-54.343 3
AQ	93.207 58	186.217 2	5 429.068	BL	83.075 83	165.975 2	73.034 15
AR	0.314 278	0.627 888	0.152 02	总体	0.500 532	1	0.538 964
AS	0.392 471	0.784 108	0.282 952	采矿业	0.114 947	0.229 651	0.096 971
AT	2.350 062	4.695 133	3.474 503	制造业	1.113 532	2.224 698	1.248 788
AU	0.589 452	1.177 652	4.100 768	电、热、水的供应业	0.138 342	0.276 391	0.133 522

　　综合 1999—2011 年的情况来看，重庆市工业碳生产力为 0.500 532 万元/吨碳，其中采矿业、制造业和电、热、水的供应业三大行业碳生产率分别为：0.114 947 万元/吨碳、1.113 532 万元/吨碳和 0.138 342 万元/吨碳，制造业的碳生产力约为采矿业的 968.73%。行业碳生产力排名和行业碳竞争力排名高度耦合：通信设备、计算机及其他电子设备制造业、文教体育用品制造业、水的生产和供应业以及燃气生产和供应业的碳生产力和碳竞争力较高；文教体育用品制造业、专用设备制造业、通信设备、计算机及其他电子设备制造业以及有色金属矿采选业生产力增长率

较高。

为进一步将 38 个行业细化分类，识别重庆市工业各行业的碳排放资源利用效率差异，在前文对 38 个工业行业的碳资源利用效率三维指标评价的基础上，做出重庆市工业行业碳资源利用效率的三维评价气泡图，结果如图 4.5 所示。

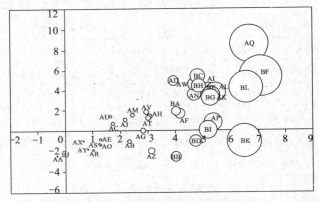

图 3.10　重庆市工业行业碳资源利用效率

图 3.10 中，x 轴是碳竞争力的自然对数；y 轴是碳生产力增量的自然对数，经对数化转换后不影响评价值的性质，且更便于识别不同行业的碳资源利用效率特性。图 3.10 中气泡的大小依据行业碳生产力的大小设置。

可见，x 轴和 y 轴将图 3.10 分成了四个象限：

（1）碳竞争力和碳生产力增量的自然对数均小于 0 的为第一象限，若行业落入此象限，则表明该行业缺乏碳竞争力，碳生产力一直在减弱。这些行业碳资源利用效率最低，可能成为产业结构调整优化的重点整改对象。

（2）碳竞争力的自然对数小于 0、碳生产力增量的自然对数大于 0 的为第二象限，若行业落入此象限，则表明该行业虽然暂时缺乏碳竞争力，碳生产力正在提高。这些行业目前碳资源利用效率较低，但仍在发展中。

（3）碳竞争力和碳生产力增量的自然对数均大于 0 的为第三象限，该象限中的行业不仅具有较强的碳竞争力，碳生产力也一直在提高。这些行业碳资源利用效率最高，是政府关注与扶持的重点行业。

（4）碳竞争力的自然对数大于 0、碳生产力增量的自然对数小于 0 的为第四象限，若行业落入此象限，则表明该行业虽然暂时具有一定的碳竞争力，但其碳生产力正在下滑，政府应该采用一定手段，对这些行业提升碳生产力进行激励与扶持。

重庆市工业行业碳资源利用效率分类如表 3.4 所示。总体而言，

表 3.4　重庆市工业行业碳资源利用效率四象限划分

所处象限	行业
第一象限	煤炭开采和洗选业
第二象限	
第三象限	通信设备，计算机及其他电子设备制造业，文教体育用品制造业，水的生产和供应业，皮革、毛皮、羽毛（绒）及其制品业，印刷业，记录媒介的复制业，纺织服装、鞋、帽制造业，电气机械及器材制造业，仪器仪表及文化、办公用机械制造业，烟草制品业，废弃资源和废旧材料回收加工业，工艺品及其他制造业，专用设备制造业，塑料制品业，家具制造业，农副食品加工业，金属制品业，有色金属矿采选业，饮料制造业，医药制造业，橡胶制品业，木材加工及木、竹、藤、棕、草制品业，纺织业，黑色金属矿采选业，化学纤维制造业
第四象限	燃气生产和供应业，交通运输设备制造业，通用设备制造业，有色金属冶炼及压延加工业，食品制造业，石油和天然气开采业，非金属矿采选业，造纸及纸制品业，化学原料及化学制品制造业，石油加工，炼焦及核燃料加工业，黑色金属冶炼及压延加工业，非金属矿物制品业以及电力，热力的生产和供应业

重庆市工业行业集中于第三象限和第四象限，没有行业落入第二象限中，落入第一象限的仅有煤炭的开采和洗选业一个行业。就此看来重庆市工业碳资源利用效率总体情况较好，绝大多数行业处于第三象限中，不仅具有较高的碳竞争力，其碳生产力也在持续增加。落入第四象限的行业共有 13 个，其中燃气生产和供应业、交通运输设备制造业、通用设备制造业以及有色金属冶炼及压延加工业具有较高的碳生产力。

采用 K—均值聚类分析法对第三象限的 21 个行业的碳资源利用效率进行聚类分析，结果如下：

（1）当将所有行业分为六类时，通信设备、计算机及其他电子设备制造业、文教体育用品制造业，以及水的生产和供应业各成一类，第四类共有 7 个行业，第五类共有 10 个行业，第六类共有 6 个行业；

（2）当将所有行业分为五类时，第一至三类与聚六类结果相同，第四类 9 个行业，第五、六类 12 个行业；

（3）当将所有城市分为四类时，第一至三类与聚五类和聚六类结果相同，其余 21 个行业为第四类；

（4）当将所有行业分为三类时，通信设备、计算机及其他电子设备制造业为第一类，文教体育用品制造业以及水的生产和供应业为第二类，其余行业为第三类；

（5）当将所有行业分成两类时，通信设备、计算机及其他电子设备制造业，文教体育用品制造业以及水的生产和供应业为第一类，其余 21 个行业为第二类。

结合四象限工业行业划分与第三象限工业行业聚类分析结果，得到重庆市工业行业划分层次结构，如表 3.5 所示。

表 3.5 重庆市工业行业碳资源利用效率最终分类

划分层次	行业
标杆行业	通信设备、计算机及其他电子设备制造业,文教体育用品制造业,水的生产和供应业
良好行业	皮革、毛皮、羽毛(绒)及其制品业,印刷业,记录媒介的复制业,纺织服装、鞋、帽制造业,电气机械及器材制造业,仪器仪表及文化、办公用机械制造业,烟草制品业;废弃资源和废旧材料回收加工业,工艺品及其他制造业,专用设备制造业,塑料制品业,家具制造业,农副食品加工业,金属制品业,有色金属矿采选业,饮料制造业,医药制造业,橡胶制品业,木材加工及木、竹、藤、棕、草制品业,纺织业,黑色金属矿采选业以及化学纤维制造业
潜力行业	燃气生产和供应业,交通运输设备制造业,通用设备制造业,有色金属冶炼及压延加工业,食品制造业,石油和天然气开采业,非金属矿采选业,造纸及纸制品业,化学原料及化学制品制造业,石油加工、炼焦及核燃料加工业,黑色金属冶炼及压延加工业,非金属矿物制品业以及电力、热力的生产和供应业
整改行业	煤炭开采和洗选业

可见,根据不同工业行业碳排放资源利用效率划分,重庆市工业行业可分为四个层次。

(1)标杆行业。标杆行业包含通信设备、计算机及其他电子设备制造业、文教体育用品制造业,以及水的生产和供应业三个行业,这三个行业碳生产力分别为 133.43 万元/吨碳、93.21 万元/吨碳、83.08 万元/吨碳,碳竞争力分别为 7.06、6.70、6.58,碳生产力增值分别为 5.29、8.60、6.58。

(2)良好行业。共有 21 个行业为良好行业,其碳生产力、碳竞争力和碳生产力增值的平均水平约为 11.75、4.06 和 2.62 万元/吨碳。

(3)潜力行业。共有 13 个行业为潜力行业,这些行业的碳排放效率虽然目前并不尽如人意,但具有一定的碳排放效率提升潜力,其碳生产力、碳竞争力和碳生产力增值的平均水平约为

7.98、2.29 和 -1.38 万元/吨碳。

（4）整改行业。共有煤炭开采和洗选业一个行业需要整改，该行业的碳排放资源利用效率三指标均显著落后与其他行业，且其碳生产力一直在下降，其碳生产力、碳竞争力和碳生产力增值分别为 0.09、-0.29 和 -2.48 万元/吨碳。

（四）结论与启示

通过对 1999—2011 年重庆市工业行业的碳排放资源利用效率进行三维评价聚类分析表明，重庆市不同工业行业的碳排放资源利用效率均在较大的差异。其中，碳排放资源利用效率最高的行业为通信设备、计算机及其他电子设备制造业，文教体育用品制造业，水的生产和供应业等三个行业，碳排放资源利用效率最低的行业为煤炭开采和洗选业。标杆行业和整改行业的碳排放资源利用效率具有非常显著的差异。由此可见，重庆市在未来制定工业发展规划的过程中，应当适度考虑不同行业的碳排放资源利用效率差异：对于标杆行业应该进行宣传、奖励与扶持；对于良好行业应当对其提出节能减排方面的期许，要求其在保持现有碳排放资源利用效率的基础上，尽量做好节能减排工作；对于潜力行业，应当注意到其碳生产力下降的趋势，对其提出提高碳生产力的要求与期许；对于整改行业，应当在综合考虑该行业与区域经济以及其他行业的潜在关联后，对其限期整改甚至进行淘汰。在设计和构建碳交易市场的过程中，应当将潜力行业和整改行业中的大型企业首先纳入到基于配额的碳交易市场中。为了激励标杆行业和良好行业进一步提高碳排放资源利用效率，还可以将这些行业中的部分企业纳入到自愿减排市场中，作为碳排放权的供给方。

在当前设计和构建碳交易市场和交易主体筛选的过程中，中西部地区不能仅关注工业经济发展，或者简单地照搬其他碳交易市场的交易主体筛选方案，而应当对本区域内工业企业进行甄别与筛选，根据其碳排放资源利用效率等环境特性做出客观合理的选择。

第三节　重庆市工业碳强度分布
差异与收敛性研究

　　碳交易市场的设计与构建能够有力促进区域工业碳排放资源利用效率的优化。在研究区域工业碳排放资源利用效率优化问题时，存在不同的声音：有观点认为，政府和管理者必须采取一定措施，才能促进区域工业碳排放资源利用效率优化，否则企业没有动力去提升自身的碳排放资源利用效率；也有相反的观点认为，根据环境库涅茨曲线，随着经济增长，区域环境将自动经历一个先变坏、再变好的过程，并不是所有行业都一定需要政府专门制定提高碳排放资源利用效率的政策与措施。因此，本节将对区域工业碳强度分布差异变化与收敛性进行分析。由于过去 20 年，我国政府并没有特别针对工业碳排放资源效率提升的政策与措施，那么在此背景下研究工业碳强度的变化能够有效地说明工业不同行业的碳排放效率自优化能力。

　　由于不同行业天然存在资源利用效率差异，有必要对工业碳强度的行业分布进行研究。在新古典经济增长理论基础上发展而来的资源配置变化学说，对资源的流向和收敛性进行了解释。该理论认为：① 不同区域或行业具有不同的资源配置初始状态、流动速度和流动方向；② 受单位资源产出差异变化的影响，资源可能由密集的区域和行业向稀疏的区域和行业流动，产生资源均化的效果；③ 资源流动也可能产生聚集效应，即出现"密者愈密，疏者愈疏"的马太效应。可见，如果不同行业的碳密度出现均化收敛，说明不同行业间碳资源流动顺畅，碳效率差异缩小；倘若不同行业间碳效率差距长期存在或过分拉大，将影响整个经济的可持续发展，最终损害整体福利水平。虽然目前国内尚未出台大范围的强制性碳资源管制政策措施，但在技术扩散和资本流动的影响下，我国工业不同行业的碳资源效率差异也可能出现收敛和变化。

过去，资源与经济的分布差异研究主要集中于分析技术进步和资本投入等条件下经济增长的区域差异性。随着气候变化和低碳发展日益成为研究热点，近期出现了一些针对碳排放的差异与收敛研究，而这部分研究目前同样集中于区域分布差异分析：杨骞和刘华军（2012）对1995—2005年中国省际碳强度的区域差异及其收敛性进行了研究，认为中国碳排放存在明显的区域差异，且碳排放强度的区域差异未出现显著的收敛性；许广月（2010）采用1995—2007年省际面板数据研究了人均碳排放的敛散性，认为我国省际人均碳排放不存在绝对 β 收敛，但存在条件 β 收敛和区域俱乐部收敛。目前只有少量研究针对碳排放产业差异的研究：王婷（2012）分析了2001—2010年宁波的工业碳排放行业差异，采用聚类分析根据行业碳强度对工业行业进行了三级划分；袁濛等（2012）对我国1994—2008年的分行业碳排放分布进行了归类分析和研究，认为根据我国产业碳排放量的大小排序，工业最多、农业居次、第三产业最少，并据此提出了产业结构调整的初步构想。

从以上研究来看，关于我国工业强度分布于收敛性的相关研究仍存在以下问题：

（1）现有研究集中于碳排放区域分布差异的测度，或其收敛性检验，考虑工业碳排放行业分布的研究较少，获得的研究结论具有一定局限性，对工业行业结构优化的指导有限。

（2）现有针对工业碳排放行业分布的研究远未及区域分布研究深入。现有的少量研究几乎全部采聚类分析法对行业简单分类，并没有深入分析碳排放行业分布的差异变化轨迹、收敛性演进趋势，难以对工业碳排放的行业分布演化进行全面刻画。

（3）国内相关研究理论推导较多，实证分析比较缺乏，迄今为止，仅有数篇文章，难以对我国工业结构调整和低碳发展提供切实有效的政策建议。

　　为提高碳交易市场中交易主体筛选的客观性和合理性，有必要对区域内工业碳强度的行业分布差异与收敛性进行研究，以了解行业差异带来的碳强度差异的大小，分布和变化轨迹与规律。本节选择重庆市作为研究对象，基于 1999—2011 年时间序列数据对重庆市工业碳强度进行全行业分析，并从全行业分布差异演化过程、全行业和分类别的行业差异收敛性检验以及收敛演进轨迹进行分析，为重庆市设计和构建碳交易市场提供信息支持。

一、研究框架

　　本节以工业碳强度为研究对象，对其行业分布差异以及收敛性进行测算与检验。首先，在经济增长的资源分布与收敛相关理论基础上，介绍本研究的方法与模型。其次，结合静态时序数据分析、碳强度行业分布差异测算，以及动态碳强度收敛性检验等视角进行递进的实证研究，其中，时间序列数据分析主要基于工业能耗和经济统计数据进行，对不同工业行业产出、能耗、碳排放以及碳强度进行测算，作为研究的基础；碳强度行业分布差异测算将结合行业碳强度标准差、全距和四分距等评价指标，对工业碳强度行业差异变化进行综合测算；碳强度分布收敛性检验将结合 β 收敛检验和 kernel 核密度分析对工业碳强度分布的收敛性进行检验与分析。最后，将理论研究与实证分析相结合，进行综合分析，并提出促进工业低碳发展的政策建议。本节研究框架如图 3.11 所示。

二、方法、模型与数据

（一）研究方法与模型

本研究拟从静态和动态两个方面分析工业行业碳强度的分布

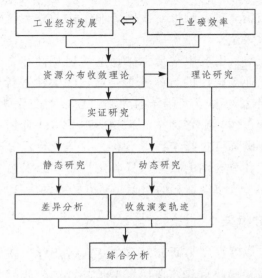

图 3.11　工业碳强度分布差异与收敛性研究框架

差异和收敛性：在分布差异分析中，拟采用标准差、全距和四分位数距，从静态角度分析工业行业的碳强度差异；在收敛性检验与分析中，拟结合 β 收敛检验和 kernel 核密度分析研究其动态变化轨迹。在静态研究中，标准差表现了在样本的离散程度，全距表现了样本的分布带宽，四分位距能够包含样本分布的主要范围。

为研究行业碳强度差异动态变化轨迹，在结合 β 收敛检验和 kernel 核密度分析的基础上建立动态研究模型：

$$\ln\left(C_{\text{int}}^{jt+T}/C_{\text{int}}^{jt}\right)/T = \alpha + \beta\ln C_{\text{int}}^{jt} + \varepsilon_{jt} \tag{3.2}$$

式（3.2）为 β 收敛检验回归模型。式中：C_{int}^{jt} 为基期碳强度，C_{int}^{jt+T} 为末期碳强度，α 为常数，β 为估计系数，ε_{jt} 为随机误差项。当 β 显著小于 0 时，表示存在 β 绝对收敛，即行业碳强度差异出现了均化。

kernel 核密度分析的原理如下：

设变量 X 在点 x 处的概率密度 $f(x)$ 的估计式为：

$$f\left(x\right) = \frac{1}{Nh} \sum_{i=1}^{n} K\left(\frac{X_i - x}{h}\right)$$

式中：N 为观测值个数，h 为带宽，K（·）为核函数。常规核有高斯（正态）核、Epanechnikov 核、三角（Triangular）核、四次（Quartic）核等，核函数为加权函数或平滑函数。核函数估计中，带宽决定了估计密度曲线的平滑程度，带宽越大，核估计的方差越小，密度函数曲线越平滑，但估计的偏差也越大。经证明有：

$$\lim_{N \to \infty} h\left(N\right) = 0$$

$$\lim_{N \to \infty} h\left(N\right) = \infty$$

为使得均方误差最小，需在权衡核估计的偏差和方差后，确定最佳带宽。本节采用常见的高斯核密度，并依据最小二乘交叉有效（LSCV）标准选择最优带宽。

（二）数据说明

为研究工业碳强度差异的行业分布与收敛性，本研究以重庆市为例主要基于四点理由：① 为强调工业对区域经济与碳排放的影响，宜选择传统工业城市开展工业碳强度差异分布研究。重庆市作为我国传统的工业城市，其工业不仅对区域经济与环境具有较强的影响力，重庆工业对我国工业整体也具有一定影响。② 目前我国正在进行碳交易试点建设，作为首批碳交易试点城市之一，重庆市须尽快构建碳交易市场，完成首笔碳交易。行业碳强度分布差异与收敛性研究能够为碳交易主体筛选提供信息支持，进而有助于区域碳交易市场的建设。③ 为提升政府对工业碳排放的调控效果，宜选择工业发展迅速且工业碳排放较密集的区域。重庆市作为我国西部重要的工业基地，在承接东南沿海发达区域工业转移中，其工业，尤其是高碳工业得到了新的发展机遇。对重庆市工业行业碳强度差异分布进行研究，能够直接指导当地政府制定具有区别的行业监管政策，为我国中西部地区有选择地承接东

南沿海发达地区工业转移，提供量化的行业甄别依据。④ 作为我
国中西部的工业发展重镇，重庆市工业的可持续发展能够对周边
省市起到辐射与拉动作用。因此，本章选择重庆工业作为研究对
象具有较强的代表性和现实意义。

　　本章主要研究工业行业碳强度的差异分布与收敛性变化轨迹，
研究数据主要涉及工业分行业能耗数据、工业能耗碳排放因子，
工业增加值等数据，数据主要来自历年《重庆统计年鉴》和
《IPCC 国家温室气体清单制作指南》。工业碳排放量的计算采用能
耗统计数据和 IPCC 碳排放清单测算方法计算获得。

三、工业碳效强度行业分布差异

　　为研究重庆市工业碳强度分布情况，根据不同工业行业的天
然属性，依据《重庆统计年鉴》中的类别划分将重庆市 38 个工业
行业分为采矿业，制造业以及电力、燃气及水的生产和供应业
（以下简称"供应业"）。其中，采矿业包含煤炭采选业等五个行
业，制造业包含食品加工业等 30 个行业，供应业包含电力、蒸
气、热水生产供应业等三个行业。重庆市工业碳强度行业分布的
离散程度、分布带宽及其演进如图 3.12 所示。

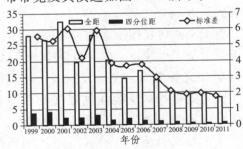

图 3.12　重庆市工业碳强度行业分布离散程度

　　如图 3.12 所示，从总体来看，重庆市工业碳强度的行业分布
差异波动下降，其波动振幅和下降速度随时间变化而减小。碳强
度的行业标准差、全距和四分位距变动的方向和幅度基本相互吻

合。从图中可以看出，1999—2011 年重庆市工业碳强度行业分布
变化可以分为三个阶段：1999—2005 年，碳强度行业分布差异呈
现显著的波动下降趋势；2005—2008 年，碳强度行业分布差异的
波动性基本消失，呈现出直线下降的趋势；2008—2011 年，碳强
度行业分布差异虽然仍基本呈现直线下降趋势，但其下降的速度
明显减弱。可见，2005 和 2008 年是重庆市工业碳强度分布差异
变化标志性时间节点。

四、工业碳强度的收敛性检验

（一）绝对 β 收敛检验

根据式（3.11），采用 1999—2011 年重庆市工业全行业碳排
放数据和工业增加值数据，对重庆市工业碳强度的行业差异分布
进行截面绝对 β 收敛检验。分别考察 1999—2002、2002—2005、
2005—2008、2008—2011、1999—2005、2005—2011 和 1999—
2011 年的分阶段行业碳强度收敛性。表 3.6 报告了全行业层面的
碳强度分布绝对 β 收敛检验结果，表 3.7 报告了三大类别内部不
同行业层面的碳强度分布绝对 β 收敛检验结果。

表 3.6　重庆工业全行业碳强度行业分布的绝对 β 收敛检验

常数项	1999—2002	2002—2005	2005—2008	2008—2011	1999—2011
β	-0.104084 ***	-0.051444 *	-0.049917 ***	-0.041155	-0.041752 ***
	(-4.223397)	(-1.771163)	(-2.783707)	(-1.061619)	(-3.479241)
F 值	17.83708	3.137017	7.749024	1.127035	12.10512
R^2	0.331316	0.080155	0.177124	0.030356	0.251639

注：β 参数回归值括号内为 T，统计值，*** 、** 、* 分别表示统
计量在 10%、5% 和 1% 显著水平下通过检验。

1999—2011 年，重庆市工业碳强度的行业差异分布绝对 β 收敛
检验显示，总体而言，全行业碳强度差异出现了较为显著的收敛。
1999—2002 年、2005—2008 年两阶段，全行业碳强度在 1% 显著性

水平下收敛，收敛系数分别约为 - 0.1 和 - 0.05；2002—2005 年全行业碳强度在 10% 的显著性水平下收敛，收敛系数约为 - 0.05；2008—2011 年未出现显著收敛。全研究期间，在 1% 的显著性水平下，全行业碳强度出现显著收敛，收敛系数到达约 - 0.04。

针对不同行业类别，对其碳强度收敛性进行类别内检验。由表 3.7 所示，1999—2011 年，重庆制造业碳强度出现了显著的绝对 β 收敛。其中，1999—2002 年，制造业碳强度在 1% 显著性下收敛，收敛系数约为 - 0.13；2002—2005 年和 2005—2008 年制造业碳强度在 5% 显著性水平下收敛，收敛系数分别约为 - 0.08 和 - 0.04；2008—2011 年未出现显著收敛。全研究期间，在 1% 的显著性水平下，制造业碳强度出现显著收敛，收敛系数到达约 - 0.05。但采矿业和供应业的碳强度收敛性未通过显著性检验。

表 3.7　三大类别内碳强度行业分布的绝对 β 收敛检验

行业类别	常数项	1999—2002	2002—2005	2005—2008	2008—2011	1999—2011
采矿业	β	- 0.021 553 (- 0.083 886)	- 0.204 701 (- 1.840 609)	- 0.170 561 (- 0.836 686)	- 0.039 967 (- 0.162 430)	- 0.014 492 (- 0.137 531)
	F 值	0.007 037	3.387 841	0.700 044	0.026 384	0.018 915
	R^2	0.002 340	0.530 358	0.189 199	0.008 718	0.006 265
制造业	β	- 0.129 048 * * * (- 4.517 057)	- 0.081 589 * * (- 2.381 416)	- 0.041 203 * * (- 2.442 855)	- 0.023 760 (- 0.491 809)	- 0.048 526 * * * (- 3.608 076)
	F 值	20.403 80	5.671 142	5.967 541	0.241 876	13.018 21
	R^2	0.421 533	0.168 427	0.175 684	0.008 564	0.317 376
供应业	β	- 0.052 140 (- 0.380 954)	- 0.010 025 (- 0.117 514)	0.004 194 (0.062 557)	- 0.044 245 (- 0.979 930)	- 0.012 718 (- 0.798 851)
	F 值	0.145 126	0.013 810	0.003 913	0.960 263	0.638 163
	R^2	0.126 734	0.013 622	0.003 898	0.489 864	0.389 560

注：β 参数回归值括号内为 T，统计值，* * *、* *、* 分别表示统计量在 10%、5% 和 1% 显著水平下通过检验。

（二）kernel 核密度分析

前文绝对 β 收敛检验宏观地描述出了工业碳强度的行业分布收敛性，接下来采用 kernel 核密度分析对工业碳强度的行业分布收敛演进过程进行可视性描述。图 3.13 到图 3.16 分别描述了1999 年、2005 年、2011 年三个时间截面全行业、采矿业、制造业和供应业的碳强度分布收敛性演进状况。从图 3.13 到图 3.16可以看出，1999—2011 年，重庆工业碳强度的行业分布无论是全行业还是采矿业、制造业和供应业内部都出现了显著的收敛过程，且碳强度分布图整体呈现出显著左移的演进过程。

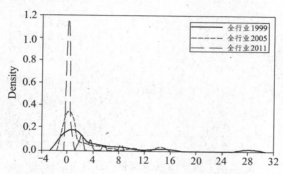

图 3.13　重庆市工业碳强度分布演进图

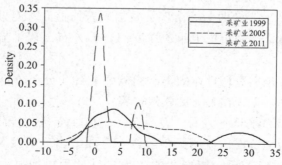

图 3.14　重庆市采矿业碳强度分布演进图

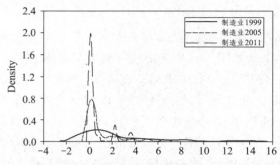

图 3.15　重庆市制造业碳强度分布演进图

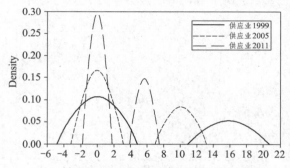

图 3.16　重庆市供应业碳强度分布演进图

　　图 3.13 显示，1999 年，分布图为单峰，且峰度较小，在横轴分布范围较广；而 2005 年出现了显著的收敛，仍为单峰，但峰度显著变大；2011 年收敛性出现了非常显著的上升，但分布图中出现了 5 个峰，表明重庆工业碳强度的行业分布出现了显著的俱乐部收敛。

　　对三大类别进行具体的类别内碳强度行业分布分析。图 3.14 显示，采矿业呈现出显著的收敛过程：1999 年分布为平缓的双峰分布；2005 年分布图左移，双峰合一；2011 年进一步收敛，再次出现双峰收敛分布。说明采矿业行业分布中出现了显著的俱乐部收敛。图 3.15 显示，制造业的收敛演进过程更加显著：1999 年呈现单峰分布，峰度较低，横轴范围为（-2，16）；2005 年呈现明显的收敛，单峰峰度增加了近一倍，横轴范围缩小为（-1，7）；2011 年形成明显的三峰，横轴范围缩小为（-0.2，4）。这些说明制造业行业分布中也出现了显著的俱乐部收敛。图 3.16 展示了供应业的碳强度分布演进过程，供应业虽然一直呈现双峰分布，但 1999—2011 年其横轴范围显著缩小，横轴范围从（-5，21）缩小到（-2，8）。

五、结论与启示

通过以上分析，可以得到以下结论：

（1）从差异性看，重庆市工业碳强度的行业分布差异波动性下降。根据其差异变化幅度与趋势斜率大小，可以将研究期划分为 1999—2005 年、2005—2008 年和 2008—2011 年三个时间段分别进行研究。1999—2005 年工业碳强度行业分布差异显著波动下降；2005—2008 年工业碳强度行业分布波动性消失，但下降趋势不减；2008—2011 年工业碳强度行业分布的波动性和下降趋势均较弱。整个重庆工业碳强度差异的变化轨迹环境库涅茨曲线理论相契合，体现出从粗放到较为规范的变化过程。说明重庆市工业管理部门和环境监管部门对工业行业的环境外部性管理起到了一定成效。

（2）从绝对收敛性看，重庆市工业碳强度的行业分布显著收敛。1999—2011 年，重庆市工业碳强度的全行业分布在 1% 的置信度下通过了绝对 β 收敛检验，收敛系数达到 -0.04。研究期间，全行业分布差异和制造业分布差异均在 1999—2002 年、2002—2005 年和 2005—2008 年均呈现显著的收敛性，而 2008—2011 年其两项收敛性未通过检验。由于本研究将重庆市工业全行业分为 38 个行业，其中采矿业 5 个行业、制造业 40 个行业、供应业 3 个行业，所以制造业的行业分布情况对全行业产生了非常显著的影响。同时，由于采矿业和供应业行业较少，这也可能是这两个行业的分布差异收敛难以通过检验的原因之一。

(3) 从收敛状态看，重庆市工业碳强度的行业分布呈现出显著的俱乐部收敛。1999 年，重庆工业碳强度的全行业和制造业分布呈现单峰、宽带宽、低峰度的特性，采矿业和供应业呈现双峰分布。2005 年，行业分布迅速收敛，除供应业外，全行业、采矿业和制造业均收敛为较扁平的单峰分布，而供应业虽然保持双峰分布，但其峰度明显变大，分布更加集中。2011 年，全行业分布呈现四峰分布、制造业呈现三峰分布，采矿业和供应业均呈现双峰分布。根据分布图的偏度推测，全行业分布图的四峰中，从左到右前三峰主要由制造业贡献，而第四峰有采矿业的煤炭采选业和供应业的电力、热力的生产和供应业贡献。

综上所述，1999—2011 年，重庆市工业碳强度的行业分布差异经历了显著的收敛过程，2005 年为收敛状态变化的分水岭。2005 年前主要为绝对 β 收敛，而 2005 年之后在绝对 β 收敛的基础上出现了显著的俱乐部收敛。虽然收敛过程印证了重庆工业碳强度分布均化的过程，但该过程在 2008 年后明显变缓。根据 2011 年重庆工业碳强度的行业分布差异的俱乐部收敛特征，重庆市在设计工业碳减排政策时，应当针对不同排放强度行业俱乐部，制定具有差别的政策措施，如在进行碳排放交易试点建设时，可以考虑将属于高碳强度俱乐部的几个行业首先纳入碳交易市场，以减少碳交易市场实验对区域经济的影响。同时，碳强度行业俱乐部的划分业可以作为重庆市承接发达地区产业转移过程中的行业筛选依据。

从总体来看，重庆市工业碳强度的行业分布差异波动下降，其波动振幅和下降速度随时间变化而减小。碳强度的行业标准差、全距和四分位距变动的方向和幅度基本相互吻合。1999—2011 年重庆市工业碳强度行业分布变化可以分为三个阶段：1999—2005 年，碳强度行业分布差异呈现显著的波动下降趋势；2005—2008 年，碳强度行业分布差异的波动性基本消失，呈现出直线下降的趋势；2008—2011 年，碳强度行业分布差异虽然仍基本呈现直线下降趋势，但其下降速度明显减弱。可见，2005 和 2008 年是重庆市工业碳强度分布差异变化标志性时间节点。

1999—2011 年，重庆市工业碳强度的行业差异分布绝对 β 收敛检验显示，总体而言，全行业碳强度差异出现了较为显著的收敛。1999—2002 年、2005—2008 年两阶段，全行业碳强度在 1% 的显著性水平下收敛，收敛系数分别约为 −0.1 和 −0.05；2002—2005 年全行业碳强度在 10% 的显著性水平下收敛，收敛系数约为 −0.05；2008—2011 年未出现显著收敛。全研究期间，在 1% 的显著性水平下，全行业碳强度出现显著收敛，收敛系数到达约 −0.04。

针对不同行业类别的碳强度收敛性类别内检验显示，1999—2011 年，重庆制造业碳强度出现了显著的绝对 β 收敛：其中，1999—2002 年，制造业碳强度在 1% 的显著性水平下收敛，收敛系数约为 −0.13；2002—2005 年和 2005—2008 年制造业碳强度在 5% 的显著性水平下收敛，收敛系数分别约为 −0.08 和 −0.04；2008—2011 年未出现显著收敛。全研究期间，在 1% 的显著性水平下，制造业碳强度显著收敛，收敛系数到达约 −0.05。但采矿业和供应业的碳强度收敛性未通过显著性检验。

重庆市工业碳强度的行业分布的收敛演进过程 kernel 核密度分析显示，1999—2011 年，重庆工业碳强度的行业分布无论是全行业还是采矿业、制造业和供应业内部都出现了显著的收敛过程，且碳强度分布图整体呈现出显著左移的演进过程。

对于全行业来说，1999 年分布图为单峰，且峰度较小，在横轴分布范围较广；2005 年出现了显著的收敛，仍为单峰，但峰度显著变大；2011 年收敛性出现了非常显著的上升，但分布图中出现了 5 个峰，表明重庆工业碳强度的行业分布出现了显著的局部收敛。

重庆市工业类别内碳强度行业分布分析显示，采矿业呈现出显著的收敛过程：1999 年分布为平缓的双峰分布；2005 年分布图左移，双峰合一；2011 年进一步收敛，再次出现双峰收敛分布。说明采矿业行业分布中出现了显著的俱乐部收敛。制造业的收敛演进过程更加显著：1999 年呈现单峰分布，峰度较低，横轴范围为（-2，16）；2005 年呈现明显的收敛，单峰峰度增加了近一倍，横轴范围缩小为（-1，7）；2011 年形成明显的三峰，横轴范围缩小为（-0.2，4）。说明制造业行业分布中也出现了显著的俱乐部收敛。对于供应业的碳强度分布演进过程而言，供应业虽然一直呈现双峰分布，但 1999—2011 年其横轴范围显著缩小，横轴范围从（-5，21）缩小到（-2，8）。

六、综合讨论与建议

实证研究显示，1999—2011 年期间，重庆市工业碳排放呈持续上升趋势，促进工业碳排放增加的主要因素是工业发展，而工业发展是目前和未来重庆市经济增长的主要动力。因此，为来随着重庆市工业进一步发展，其将对工业碳排放的增长起到更大的促进作用。目前主要的减排因素是技术进步，意味着未来重庆市应当继续走依靠技术进步促进碳减排的路子，进一步引进新技术，新设备和新的管理经验，以依靠技术进步促进工业碳减排。同时研究发现，产业结构调整和能源结构调整对重庆市工业碳减排具有较大的潜力，但是由于能源供给的紧缺，在短期内改变重庆市对煤炭的依赖具有一定困难。因此，促进产业结构调整成为未来重庆市工业碳减排的有效途径，尤其是在碳交易市场设计与构建的过程中对碳交易市场中的交易主体做好筛选，能够有效促进重庆市工业低碳发展。

为了做好碳交易主体筛选工作，有必要对不同工业行业的碳资源利用效率进行分析。研究发现，可以根据碳排放资源利用效率，将重庆市工业行业进行聚类与划分。本研究将 38 个行业划分为四类：标杆行业、良好行业、潜力行业和整改行业。在进行碳交易主体筛选时，政府与管理部门应当根据其所属行业的碳排放资源利用效率类别，对不同行业和企业进行具有差别的对待：在设计和构建碳交易市场的过程中，应当主要将潜力行业和整改行业中的大型企业首先纳入到基于配额的碳交易市场中。为了激励标杆行业和良好行业进一步提高碳排放资源利用效率，还可以将这些行业中的部分企业纳入到自愿减排市场中，作为碳排放权的供给方。采用以上策略，能够扶持碳排放资源利用效率高的行业，并对碳排放资源利用效率低的行业进行严格的管制与监控，以确保重庆市工业碳排放资源利用效率的提高。

对重庆市工业碳强度分布差异与收敛性进行分析后发现，整体而言，重庆市工业碳强度一直在收敛，但目前已经出现了显著的俱乐部收敛效应。这意味着：首先，过去政府管理部门的管理措施收到了一定的成效；其次，如果延续目前的政策而没有外力的影响，重庆市工业碳强度很难继续收敛到一个俱乐部；最后，为了促进不同俱乐部的碳强度下降，政府和管理部门有必要依据不同俱乐部的特点，有针对性地设计和制定相应的管理措施。在进行基于配额的碳交易市场设计与构建时，应该首先碳排放资源利用效率较差的俱乐部中挑选交易主体企业，未来还可以在碳排放资源利用效率较高的俱乐部中挑选部分企业参与到自愿减排的碳交易市场中，作为碳排放权的供方。根据不同行业和企业的碳排放资源利用效率差异进行碳交易市场主体筛选，并对其区别对待，有利于提高碳交易市场对于碳排放资源利用效率的优化能力。

第四章　重庆市碳交易体系设计与信息化平台开发

　　重庆市在建设低碳城市，发展低碳经济领域面临着良好的机遇。2010 年 7 月，重庆市成为全国首批"低碳经济试点城市"之一，而且重庆也是这批试点城市中唯一一个省级试点区。按照国家发改委的要求，重庆市要推动以低碳为特征的产业体系和消费模式，将重庆建设成为西南地区绿色低碳发展的示范城市。2011 年 11 月 14 日，国家发改委在北京召开了国家碳排放交易试点工作启动会议，重庆被确定为首批碳排放交易试点城市之一，并提出 2013 年中国将全面启动以上区域的总量限制碳排放交易，这标志着国内碳交易开始实质性地启动。2011 年 11 月，重庆市政府组织召开了相关专题工作会议，黄奇帆市长作出了"探索市域内碳汇与碳排放冲抵、实施碳交易"的重要指示。2012 年 3 月，国家发改委正式批复了《重庆市低碳试点工作实施方案》，要求积极探索温室气体排放权交易，加快碳排放权交易试点工作。2012 年 9 月，重庆市人民政府印发了《重庆市"十二五"控制温室气体排放和低碳试点工作方案》，要求着力开展碳排放交易权试点，建立温室气体排放统计制度，建立碳排放权交易登记注册系统、交易平台和监管体系，形成区域性碳排放权交易体系。

第一节　重庆市基于项目的碳交易经验

一、基于项目的碳交易管理体系——清洁发展机制（CDM）项目的内涵

　　碳交易的发展与《京都议定书》的制定和生效有着极其紧密的关系。按照《京都议定书》规定，对 39 个工业化国家的排放做出限制，要求 2008—2012 年，其 CO_2 等六种温室气体的排放量要比 1990 年减少 5.2%。但由于发达国家的能源利用效率高，能源结构优化，新的能源技术被大量采用，因此本国进一步减排的成本较高，难度较大。而发展中国家能源效率低，减排空间大，成本也低。这导致了同一减排量在不同国家之间存在着不同的成本，形成了价格差。发达国家有需求，发展中国家有供应能力，碳交易市场由此产生。清洁发展机制（CDM）、排放贸易（ET）和联合履约（JI）是《京都议定书》规定的三种碳交易机制。其中清洁发展机制（CDM）和联合履约（JI）属于基于项目的碳交易体系。

　　清洁发展机制的主要内容是发达国家通过提供资金和技术的方式，与发展中国家开展项目级的合作，通过项目所实现的"经核证的减排量"（Certified Emissions Reductions，CERs），用于发达国家缔约方完成在议定书第三条下的承诺。CDM 是一种"双赢"机制：一方面，发展中国家通过合作可以获得资金和技术，有助于实现自己的可持续发展；另一方面，通过这种合作，发达国家可以大幅降低其在国内实现减排所需的高昂费用。CDM 自 1997 年被提出之后，对全球温室气体减排产生了实质性的作用，因而成为《京都议定书》中最受瞩目的柔性机制之一。

二、清洁发展机制项目开发流程

CDM 项目要最终得到 CDM 执行理事会（Executive Board，EB）的批准并获得经核证的减排量，需要经过主办国政府审查、经营实体合格性核查、CDM 执行理事会的注册核查和签发减排量核查等一系列环节，CDM 项目运作的基本流程见图 4.1。

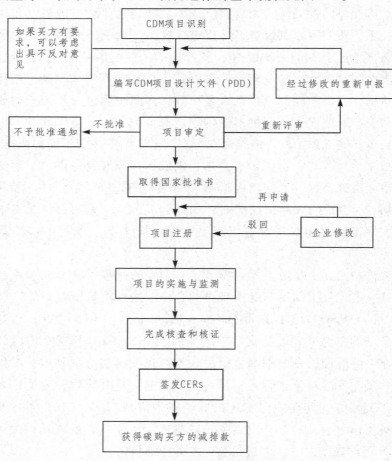

图 4.1 CDM 项目运作流程

CDM 项目运作的具体过程有两方面。

首先，要初步判定一个项目是否为 CDM 项目。一般来说，在中国进行 CDM 项目应满足的基本条件包括：项目应产生真实的、可测量的温室气体减排量，并具有额外性；项目应符合中国的法律法规和相关政策；项目不得使用来自发达国家的援助资金进行前期运作；中国境内的中资、中资控股企业才可以对外开展 CDM 项目；有助于可持续发展。如果是 CDM 项目就要开始进行项目设计，编制一份 CDM 项目设计书（Project Design Document，PDD）。

其次，由执行理事会（EB）批准委任的指定经营实体（DOE，Designated Operational Entity）进行项目审定工作，需要把被审定项目的 PDD 挂在联合国气候变化框架公约（UNFCCC）网站公示 30 天，收集各方的评论和意见。DOE 收到 DNA（Designated National Authorities，指定国家主管机构）的国家批准书（中国 CDM 项目需获得国家发改委出具的正式批准文件）后，向 EB 提出注册申请。8 周后若 EB 未做出重审的决定，则项目自动通过注册。项目投产后 PP（Project Participants，项目参与方）要完成检测的计划及一个检测报告，由 DOE（不同于审定项目的 DOE）进行检查，之后写一个核准报告交给 EB，同时向 EB 提请 CERs 签发。15 天后，若 EB 未做出重审的决定，则 CERs 签发成功，可以和购买方进行碳交易。

三、重庆市清洁发展机制（CDM）项目开发现状

从 2005 年 3 月国家发改委第一批审批了 2 个项目到 2013 年 3 月 21 日，累计审批 CDM 项目 4 799 个，其中重庆市 77 个；全国在联合国清洁发展机制理事会（EB）注册的项目共 3 390 个，其中重庆 49 个；全国获得 CERs 签发的项目共 1 096 个，其中重庆 21 个。重庆市 CDM 项目开发进展及详情如表 4.1 ~ 表 4.4 所示。重庆市第一个通过的审批项目是 2006 年 11 月，与全国审批进度相比，重庆市开展 CDM 项目起步晚，尽管近年来数量在不断增

加,但与其他省份相比,发展较慢。

表 4.1 重庆市 CDM 项目开发进展情况

审批 \ 进展	国家审批	EB 注册	CERs 签发
重庆市	77	49	21
全国	4 799	3 390	1 096
所占比例/%	1.6	1.4	1.9

通过分析,发现重庆市在 CDM 项目开发方面存在以下方面的问题。

(1) CDM 项目数量和减排量相对较少。根据统计数据,国家发改委批准的 4 799 个项目,重庆占 77 个,排在全国 31 个省区的第 25 位,预计年减排量在第 23 位;在 EB 注册的 3 390 个项目中,重庆占 49 个,排在第 25 位,预计年减排量在第 22 位;获得 CERs 签发的 163 个项目中,重庆占 21 个,排在第 21 位,预计年减排量在第 16 位。从总体上看,重庆市 CDM 项目开发处于全国下游水平。

(2) CDM 项目注册成功率不高。根据统计数据,国家发改委批准的 4 799 个项目,在 EB 成功注册 3 390 个,注册成功率为 70.64%;重庆市获得批准 77 项,在 EB 成功注册 49 项,注册成功率为 63.64%,低于全国平均水平,说明我市 CDM 项目开发质量有待进一步提高。

(3) CDM 项目开发类型单一。在重庆市获得 CERs 签发的 21 个 CDM 项目中,有 13 个是水电项目,3 个是煤层气利用项目,2 个是废气废热发电项目,1 个风电项目,1 个 N_2O 分解项目,1 个交通领域项目。在获得国家批准的 77 个项目中,水电项目占多数,煤层气利用项目、垃圾填埋气处理、生物质燃烧发电、水泥厂工艺中减排二氧化碳、风电项目、低碳交通等项目较少,而植树造林和再造林项目则根本没有。

（4）CDM 项目开发的相关服务机构及专业人才欠缺。CDM 项目开发有较为复杂的流程，项目开发需要专业机构的咨询服务。目前，北京、上海、天津等城市都建立了环境交易所、排放权交易所等专业服务机构，重庆还没有专门的排放权交易所，重庆的排放权交易是纳入联交所进行的。目前在国内开展 CDM 项目开发服务的咨询机构有 85 家，北京、上海、河北、山东、吉林、贵州、湖南、甘肃、湖北、宁夏、四川、深圳、云南、福州、江苏、杭州等地区均有，而重庆尚没有一家咨询机构，相关的专业人才匮乏，这也限制了本地区的 CDM 项目开发。

表 4.2　国家发改委批准的重庆市 CDM 项目明细

序号	项目名称	GHG 减排类型	项目业主	国外合作方	估计年减排量(tCO_2e)
1	芙蓉江浩口水电站项目	新能源和可再生能源	重庆渝浩水电开发有限公司		256 289
2	巫山县后溪河水电站工程	新能源和可再生能源	重庆市水利投资（集团）有限公司	Electrade S. p. A	104 088
3	重庆平翔煤层气利用项目	甲烷回收利用	重庆市铜鼓滩煤炭经营有限公司	三菱日联摩根士丹利证券有限公司	110 230
4	开县盛山水电站项目	新能源和可再生能源	重庆开洲水资源开发有限公司	Electrade S. p. A	21 816
5	重庆嘉陵江草街水电项目	新能源和可再生能源	重庆航运建设发展有限公司	日本三菱商事株式会社	1 822 800
6	中国重庆市快速公交线网 1－4 项目	其他	重庆巴士快速交通发展有限公司	瑞士格鲁特咨询公司	252 306
7	重庆市万州区向家嘴水电站	新能源和可再生能源	重庆市万州区江河水电开发有限公司	爱迪森集团	43 211
8	金凤山风电场一期工程	新能源和可再生能源	重庆市水利投资（集团）有限公司		84 074

续表 4.2

序号	项目名称	GHG 减排类型	项目业主	国外合作方	估计年减排量(tCO_2e)
9	茅草坝风电场一期工程	新能源和可再生能源	重庆市水利投资(集团)有限公司		79 246
10	合川盐井矿区瓦斯利用项目	甲烷回收利用	重庆天弘矿业有限责任公司	Arcadia Energy(Suisse)S. A.	178 681
11	中国重庆农村户用小沼气推广规划方案	甲烷回收利用	北京赤子恒源环保科技有限责任公司	PEAR 自主性碳资产管理基金会	5 475
12	重庆中梁山煤矿煤层气利用项目	甲烷回收利用	重庆市中梁山煤电气有限公司	益可环境集团 PLC	404 865
13	重庆南桐煤层气利用项目	甲烷回收利用	重庆南桐矿业有限责任公司	益可环境集团 PLC	325 082
14	重庆天府煤层气综合利用项目	甲烷回收利用	重庆天府矿业有限责任公司	益可环境集团 PLC	852 810
15	酉阳县细沙河流域水电梯级开发龙家坝水电站	新能源和可再生能源	重庆钟灵山水电开发有限公司	瑞士阿卡迪亚能源有限公司	30 428
16	舟白水电站项目	新能源和可再生能源	重庆乌江实业(集团)有限公司	Ecosecurities Ltd	61 204
17	中化重庆涪陵 4×30 万吨/年硫磺制酸装置废热回收发电项目	节能和提高能效	中化重庆涪陵化工有限公司	日本丰田通商株式会社	209 625
18	酉水石堤水电站项目	新能源和可再生能源	重庆乌江实业(集团)有限公司	Ecosecurities Ltd	300 915
19	丰都凯迪生物质能发电厂工程	新能源和可再生能源	丰都县凯迪绿色能源开发有限公司	维多石油集团	130 826
20	酉阳县细沙河流域水电梯级开发细沙口水电站	新能源和可再生能源	重庆钟灵山水电开发有限公司	Climate Protection Invest AG	7 713
21	酉阳县细沙河流域水电梯级开发小咸井水电站	新能源和可再生能源	重庆钟灵山水电开发有限公司	Climate Protection Invest AG	5 188

续表 4.2

序号	项目名称	GHG 减排类型	项目业主	国外合作方	估计年减排量(tCO$_2$e)
22	重庆钢铁集团公司废气、余压利用发电项目	节能和提高能效	重庆钢铁股份有限公司	Ecosecurities Ltd	438 091
23	箱子岩水电站项目	节能和提高能效	重庆乌江实业(集团)有限公司	Ecosecurities Ltd	87 814
24	重庆市綦江县珠滩水电项目	新能源和可再生能源	綦江县水之星水力发电有限公司	Fine Carbon-Fund Ky, Nordic Carbon Fund KY	25 826
25	云阳县沙市水电站工程	新能源和可再生能源	重庆市铭禹电力有限公司	英国联合能源有限公司	36 329
26	重庆两会沱20MW水电项目	新能源和可再生能源	巫溪县后溪河水电开发有限公司	日本碳基金	75 173
27	重庆市巫溪县玉山4.8MW水电项目	新能源和可再生能源	巫溪县玉山水电开发有限责任公司	环保桥有限公司	19 864
28	重庆市巫溪县龙水8MW水电项目	新能源和可再生能源	巫溪县龙水电力开发有限责任公司	环保桥有限公司	27 676
29	重庆四眼坪49.3MW风电场工程	新能源和可再生能源	重庆大唐国际武隆兴顺风电有限责任公司	瑞典能源署和亚洲开发银行亚太碳基金	103 853
30	重钢长寿新区CCPP余热回收利用项目	节能和提高能效	重庆中节能三峰能源有限公司	益可环境国际有限公司	476 655
31	重钢长寿新区CDQ余热回收利用项目二期工程	节能和提高能效	重庆中节能三峰能源有限公司	益可环境国际有限公司	98 518
32	重钢长寿新区CCPP余热回收利用项目二期工程	节能和提高能效	重庆中节能三峰能源有限公司	益可环境国际有限公司	413 632
33	重钢长寿新区CDQ余热回收利用项目	节能和提高能效	重庆中节能三峰能源有限公司	益可环境国际有限公司	223 839

续表4.2

序号	项目名称	GHG减排类型	项目业主	国外合作方	估计年减排量(tCO₂e)
34	重庆海螺水泥有限责任公司2×4500/d新型干法水泥生产线项目余热发电工程	节能和提高能效	重庆海螺水泥有限责任公司		75 022
35	城口县黄安河李家坝水电站工程项目	新能源和可再生能源	重庆市城口县明大水电开发有限公司	益可环境集团 PLC	36 807
36	重庆鲤鱼塘梯级水电站工程项目	新能源和可再生能源	重庆市水利投资（集团）有限公司	Ecosecurities Ltd	46 124
37	重庆富源高压硝酸生产线氧化亚氮减排项目	N_2O分解消除	重庆富源化工股份有限公司	EcoSecurities Group PLC	229 876
38	重庆市城口县白果坪10MW水电站工程	新能源和可再生能源	重庆白果坪水电开发有限公司	AES Carbon Exchange Ltd.	31 999
39	重庆城口县巴山水电站工程	新能源和可再生能源	重庆巴山水电开发有限公司	AES Carbon Exchange Limited	382 861
40	重庆城口县蹇家湾26MW水电站工程	新能源和可再生能源	重庆蹇家湾水电开发有限公司	AES Carbon Exchange Ltd.	67 560
41	重庆市巫溪县刘家沟20MW水电项目	新能源和可再生能源	巫溪县远大水利电力产业有限责任公司	环保桥有限公司	68 215
42	重庆打通矿乏风瓦斯销毁及利用项目	甲烷回收利用	重庆东江松藻再生能源开发有限公司	AES Carbon Exchange Ltd.	183 881
43	重庆渡口坝129兆瓦水电项目	新能源和可再生能源	重庆梅溪河流域水电开发有限公司	ECO 资产管理公司	331 410
44	重庆武隆泉塘水电站	新能源和可再生能源	武隆县川源水电开发有限公司	Gunvor 石油公司阿姆斯特丹日内瓦分支	19 064

续表4.2

序号	项目名称	GHG 减排类型	项目业主	国外合作方	估计年减排量(tCO_2e)
45	渔滩水电站项目	新能源和可再生能源	重庆乌江实业(集团)有限公司	Ecosecurities Ltd	37 199
46	重庆市石柱县48MW 杨东河(渡口)水电站	新能源和可再生能源	利川杨东河水电开发有限公司	维多石油集团	178 234
47	重庆市富丰水泥9兆瓦低温余热发电项目	节能和提高能效	重庆市富丰水泥集团有限公司	日本太比雅株式会社	50 412
48	重庆市云阳县门坎滩水电站项目	新能源和可再生能源	重庆市水利投资(集团)有限公司	Ecosecurities Group PLC	66 778
49	重庆北屏水电站项目	新能源和可再生能源	重庆市水利投资(集团)有限公司	EcoSecurities Group PLC	71 464
50	重庆酉阳县西酬水电站项目	新能源和可再生能源	重庆酉水水电开发有限公司	AES Carbon Exchange Ltd.	388 811
51	万州科华13.5兆瓦水泥余热发电项目	节能和提高能效	重庆市万州科华水泥有限公司	瑞士南极碳资产管理股份有限公司	81 719
52	重庆东方希望水泥厂18兆瓦余热回收发电项目	节能和提高能效	东方希望重庆水泥有限公司	Masefield Carbon Resources SA	102 790
53	重庆东方希望水泥厂27兆瓦余热回收发电项目	节能和提高能效	东方希望重庆水泥有限公司	Masefield Carbon Resources SA	154 178
54	重庆市巫溪县新田坝21兆瓦水电项目	新能源和可再生能源	巫溪县远大水利电力产业有限责任公司	环保桥有限公司	60 686
55	重庆市巫溪县湾滩水库电站18兆瓦水电项目	新能源和可再生能源	巫溪县远大水利电力产业有限责任公司	环保桥有限公司	56 532
56	金家坝水电枢纽工程	新能源和可再生能源	重庆市水利投资(集团)有限公司	Ecosecurities Group PLC	200 469

续表4.2

序号	项目名称	GHG减排类型	项目业主	国外合作方	估计年减排量(tCO$_2$e)
57	重庆市巫溪县中梁水电站项目	新能源和可再生能源	重庆市水利投资(集团)有限公司	Ecosecurities Group PLC	358 541
58	重庆市彭水县三江口水电站	新能源和可再生能源	重庆彭水县三江口水利综合开发有限责任公司	意大利国家电力公司	103 215
59	重庆长寿化工燃煤工业锅炉改造项目	节能和提高能效	重庆长寿化工有限责任公司	日本太比雅株式会社	33 083
60	重庆市城口县岚溪小水电项目	新能源和可再生能源	重庆岚溪电力实业有限公司	日本三菱商事株式会社	29 170
61	重庆市彭水县龙门峡水电站项目	新能源和可再生能源	彭水县海天水电开发有限责任公司	意大利国家电力公司	62 702
62	重庆平安一级6兆瓦水电项目	新能源和可再生能源	巫溪县平安水电开发有限公司	维多石油集团	21 695
63	重庆金九水泥4.5MW余热发电项目	节能和提高能效	重庆金九水泥有限公司	OneCarbon International B. V.	23 661
64	重庆金九水泥二期4.5MW余热发电项目	节能和提高能效	重庆金九水泥有限公司	OneCarbon International B. V.	23 661
65	重庆市高峰生物质能发电站项目	新能源和可再生能源	重庆市宏正生物质能有限公司	EcoSecurities国际有限公司	125 374
66	重庆市长生桥垃圾卫生填埋场沼气发电工程项目	甲烷回收利用	重庆康达新能源有限公司	益可环境集团PLC	121 992
67	重庆武隆接龙梯级水电站工程项目	新能源和可再生能源	重庆市水利投资(集团)有限公司	Ecosecurities Ltd	25 192
68	松藻瓦斯发电项目	甲烷回收利用	松藻煤电公司	三井物产株式会社	520 000
69	万胜坝梯式水电站项目	新能源和可再生能源	重庆市水利投资(集团)有限公司	Ecosecurities Ltd	93 113

续表 4.2

序号	项目名称	GHG 减排类型	项目业主	国外合作方	估计年减排量(tCO$_2$e)
70	重庆大滩口水电站项目	新能源和可再生能源	重庆市水利投资（集团）有限公司	益可环境集团 PLC	33 230
71	彭水县郁江马岩洞水电站	新能源和可再生能源	重庆马岩洞水电开发有限公司	EcoSecurities Group PLC	240 835
72	重庆市巫山县千丈岩梯级电站工程项目	新能源和可再生能源	重庆巫山千丈岩水电开发有限公司	EcoSecurities Group PLC	107 555
73	重庆彭水县郁江羊头铺水电站项目	新能源和可再生能源	重庆郁江水电开发有限公司	EcoSecurities Group PLC	132 689
74	重庆丰岩水电站项目	新能源和可再生能源	重庆市水利投资（集团）有限公司	英国益可环境集团 PLC(瑞典)	16 881
75	中国重庆市开县双河口 16.6MW 水电项目	新能源和可再生能源	重庆市开县东里河水电有限公司	日本丸红株式会社	63 873
76	重庆市合川区富金坝水电站	新能源和可再生能源	重庆航运建设发展有限公司	Green Hercules Trading Limited（嘉吉公司）	218 007
77	重庆江津市太平寺水电站	新能源和可再生能源	重庆燕山建设（集团）有限公司	Green Hercules Trading Limited（嘉吉公司）	31 834

注：表 4.2～4.4 数据来源于"中国清洁发展机制网"（cdm. ccchia. gov. cn）。

表 4.3　EB 成功注册的重庆市 CDM 项目明细

序号	项目名称	GHG 减排类型	项目业主	国外合作方	注册日期
1	重庆海螺水泥有限责任公司 2×4500/d 新型干法水泥生产线项目余热发电工程	节能和提高能效	重庆海螺水泥有限责任公司		2012－12－03

续表4.3

序号	项目名称	GHG减排类型	项目业主	国外合作方	注册日期
2	重庆市富丰水泥9兆瓦低温余热发电项目	节能和提高能效	重庆市富丰水泥集团有限公司	日本太比雅株式会社	2012-11-19
3	重庆两会沱20MW水电项目	新能源和可再生能源	巫溪县后溪河水电开发有限公司	日本碳基金	2012-11-14
4	重庆平翔煤层气利用项目	甲烷回收利用	重庆市铜鼓滩煤炭经营有限公司	三菱日联摩根士丹利证券有限公司	2012-10-31
5	中国重庆市开县双河口16.6MW水电项目	新能源和可再生能源	重庆市开县东里河水电有限公司	日本丸红株式会社	2012-10-22
6	巫山县后溪河水电站工程	新能源和可再生能源	重庆市水利投资（集团）有限公司	Electrade S. p. A	2012-10-15
7	开县盛山水电站项目	新能源和可再生能源	重庆开洲水资源开发有限公司	Electrade S. p. A	2012-09-21
8	酉阳县细沙河流域水电梯级开发龙家坝水电站	新能源和可再生能源	重庆钟灵山水电开发有限公司	瑞士阿卡迪亚能源有限公司	2012-08-14
9	丰都凯迪生物质能发电厂工程	新能源和可再生能源	丰都县凯迪绿色能源开发有限公司	维多石油集团	2012-07-13
10	酉阳县细沙河流域水电梯级开发细沙口水电站	新能源和可再生能源	重庆钟灵山水电开发有限公司	Climate Protection Invest AG	2012-07-06
11	酉阳县细沙河流域水电梯级开发小咸井水电站	新能源和可再生能源	重庆钟灵山水电开发有限公司	Climate Protection Invest AG	2012-07-04
12	重庆市綦江县珠滩水电项目	新能源和可再生能源	綦江县水之星水力发电有限公司	Fine Carbon Fund Ky, Nordic Carbon Fund KY	2012-05-16
13	重庆市巫溪县玉山4.8MW水电项目	新能源和可再生能源	巫溪县玉山水电开发有限责任公司	环保桥有限公司	2012-02-21

续表4.3

序号	项目名称	GHG 减排类型	项目业主	国外合作方	注册日期
14	重庆市城口县白果坪 10MW 水电站工程	新能源和可再生能源	重庆白果坪水电开发有限公司	AES Carbon Exchange Ltd.	2011 - 06 - 27
15	重庆城口县巴山水电站工程	新能源和可再生能源	重庆巴山水电开发有限公司	AES Carbon Exchange Limited	2011 - 05 - 06
16	重庆城口县蹇家湾 26MW 水电站工程	新能源和可再生能源	重庆蹇家湾水电开发有限公司	AES Carbon Exchange Ltd.	2011 - 02 - 25
17	重庆渡口坝 129 兆瓦水电项目	新能源和可再生能源	重庆梅溪河流域水电开发有限公司	ECO 资产管理公司	2011 - 02 - 25
18	重庆市石柱县 48MW 杨东河(渡口)水电站	新能源和可再生能源	利川杨东河水电开发有限公司	维多石油集团	2011 - 02 - 19
19	重庆打通矿乏风瓦斯销毁及利用项目	甲烷回收利用	重庆东江松藻再生能源开发有限公司	AES Carbon Exchange Ltd.	2011 - 02 - 16
20	重庆市巫溪县刘家沟 20MW 水电项目	新能源和可再生能源	巫溪县远大水利电力产业有限责任公司	环保桥有限公司	2011 - 02 - 07
21	重庆武隆泉塘水电站	新能源和可再生能源	武隆县川源水电开发有限公司	Gunvor 石油公司阿姆斯特丹日内瓦分支	2011 - 01 - 12
22	重庆北屏水电站项目	新能源和可再生能源	重庆市水利投资(集团)有限公司	EcoSecurities Group PLC	2010 - 12 - 29
23	重庆市万州区向家嘴水电站	新能源和可再生能源	重庆市万州区江河水电开发有限公司	爱迪森集团	2010 - 12 - 25
24	重庆酉阳县西酬水电站项目	新能源和可再生能源	重庆酉水水电开发有限公司	AES Carbon Exchange Ltd.	2010 - 12 - 21
25	重庆四眼坪 49.3MW 风电场工程	新能源和可再生能源	重庆大唐国际武隆兴顺风电有限责任公司	瑞典能源署和亚洲开发银行亚太碳基金	2010 - 12 - 11

续表4.3

序号	项目名称	GHG 减排类型	项目业主	国外合作方	注册日期
26	万州科华 13.5 兆瓦水泥余热发电项目	节能和提高能效	重庆市万州科华水泥有限公司	瑞士南极碳资产管理股份有限公司	2010 - 10 - 27
27	重庆市巫溪县龙水 8MW 水电项目	新能源和可再生能源	巫溪县龙水电力开发有限责任公司	环保桥有限公司	2010 - 10 - 25
28	中国重庆市快速公交线网 1 - 4 项目	其他	重庆巴士快速交通发展有限公司	瑞士格鲁特咨询公司	2010 - 10 - 19
29	重庆嘉陵江草街水电项目	新能源和可再生能源	重庆航运建设发展有限公司	日本三菱商事株式会社	2010 - 09 - 22
30	金家坝水电枢纽工程	新能源和可再生能源	重庆市水利投资（集团）有限公司	Ecosecurities Group PLC	2010 - 06 - 08
31	重庆市巫溪县中梁水电站项目	新能源和可再生能源	重庆市水利投资（集团）有限公司	Ecosecurities Group PLC	2010 - 05 - 10
32	重庆市彭水县三江口水电站	新能源和可再生能源	重庆彭水县三江口水利综合开发有限责任公司	意大利国家电力公司	2010 - 04 - 13
33	重庆市城口县岚溪小水电项目	新能源和可再生能源	重庆岚溪电力实业有限公司	日本三菱商事株式会社	2010 - 04 - 08
34	城口县黄安河李家坝水电站工程项目	新能源和可再生能源	重庆市城口县明大水电开发有限公司	益可环境集团 PLC	2010 - 01 - 14
35	重庆市彭水县龙门峡水电站项目	新能源和可再生能源	彭水县海天水电开发有限责任公司	意大利国家电力公司	2009 - 12 - 13
36	重庆天府煤层气综合利用项目	甲烷回收利用	重庆天府矿业有限责任公司	益可环境集团 PLC	2009 - 10 - 21
37	重庆中梁山煤矿煤层气利用项目	甲烷回收利用	重庆市中梁山煤电气有限公司	益可环境集团 PLC	2009 - 10 - 17
38	重庆平安一级 6 兆瓦水电项目	新能源和可再生能源	巫溪县平安水电开发有限公司	维多石油集团	2009 - 10 - 17

续表4.3

序号	项目名称	GHG减排类型	项目业主	国外合作方	注册日期
39	重庆南桐煤层气利用项目	甲烷回收利用	重庆南桐矿业有限责任公司	益可环境集团PLC	2009 - 03 - 06
40	重庆富源高压硝酸生产线氧化亚氮减排项目	N_2O分解消除	重庆富源化工股份有限公司	EcoSecurities Group PLC	2008 - 10 - 20
41	重庆钢铁集团公司废气、余压利用发电项目	节能和提高能效	重庆钢铁股份有限公司	Ecosecurities Ltd	2008 - 10 - 07
42	重庆鲤鱼塘梯级水电站工程项目	新能源和可再生能源	重庆市水利投资（集团）有限公司	Ecosecurities Ltd	2008 - 07 - 09
43	重庆市云阳县门坎滩水电站项目	新能源和可再生能源	重庆市水利投资（集团）有限公司	Ecosecurities Group PLC	2008 - 06 - 24
44	重庆武隆接龙梯级水电站工程项目	新能源和可再生能源	重庆市水利投资（集团）有限公司	Ecosecurities Ltd	2008 - 04 - 26
45	中化重庆涪陵4 * 30万吨/年硫黄制酸装置废热回收发电项目	节能和提高能效	中化重庆涪陵化工有限公司	日本丰田通商株式会社	2008 - 03 - 30
46	酉水石堤水电站项目	新能源和可再生能源	重庆乌江实业（集团）有限公司	Ecosecurities Ltd	2007 - 10 - 12
47	箱子岩水电站项目	节能和提高能效	重庆乌江实业（集团）有限公司	Ecosecurities Ltd	2007 - 10 - 11
48	舟白水电站项目	新能源和可再生能源	重庆乌江实业（集团）有限公司	Ecosecurities Ltd	2007 - 07 - 02
49	渔滩水电站项目	新能源和可再生能源	重庆乌江实业（集团）有限公司	Ecosecurities Ltd	2007 - 05 - 04

表 4.4　获得 CERs 签发的重庆市 CDM 项目明细

序号	项目名称	GHG 减排类型	项目业主	国外合作方	签发量（tCO$_2$e）
1	重庆市巫溪县玉山 4.8MW 水电项目	新能源和可再生能源	巫溪县玉山水电开发有限责任公司	环保桥有限公司	1 905
2	重庆嘉陵江草街水电项目	新能源和可再生能源	重庆航运建设发展有限公司	日本三菱商事株式会社	663 270
3	重庆市巫溪县龙水 8MW 水电项目	新能源和可再生能源	巫溪县龙水电力开发有限责任公司	环保桥有限公司	50 959
4	中化重庆涪陵 4×30 万吨/年硫黄制酸装置废热回收发电项目	节能和提高能效	中化重庆涪陵化工有限公司	日本丰田通商株式会社	54 272
5	重庆市城口县岚溪小水电项目	新能源和可再生能源	重庆岚溪电力实业有限公司	日本三菱商事株式会社	30 119
6	重庆武隆泉塘水电站	新能源和可再生能源	武隆县川源水电开发有限公司	Gunvor 石油公司阿姆斯特丹日内瓦分支	75 192
7	中国重庆市快速公交线网 1—4 项目	其他	重庆巴士快速交通发展有限公司	瑞士格鲁特咨询公司	159 516
8	重庆四眼坪 49.3MW 风电场工程	新能源和可再生能源	重庆大唐国际武隆兴顺风电有限责任公司	瑞典能源署和亚洲开发银行亚太碳基金	92 383
9	箱子岩水电站项目	节能和提高能效	重庆乌江实业（集团）有限公司	Ecosecurities Ltd	277 501
10	重庆中梁山煤矿煤层气利用项目	甲烷回收利用	重庆市中梁山煤电气有限公司	益可环境集团 PLC	432 395
11	重庆南桐煤层气利用项目	甲烷回收利用	重庆南桐矿业有限责任公司	益可环境集团 PLC	347 653
12	重庆天府煤层气综合利用项目	甲烷回收利用	重庆天府矿业有限责任公司	益可环境集团 PLC	359 903
13	重庆市万州区向家嘴水电站	新能源和可再生能源	重庆市万州区江河水电开发有限公司	爱迪森集团	37 040

续表 4.4

序号	项目名称	GHG 减排类型	项目业主	国外合作方	签发量（tCO$_2$e）
14	重庆富源高压硝酸生产线氧化亚氮减排项目	N$_2$O 分解消除	重庆富源化工股份有限公司	EcoSecurities Group PLC	190 073
15	城口县黄安河李家坝水电站工程项目	新能源和可再生能源	重庆市城口县明大水电开发有限公司	益可环境集团 PLC	33 348
16	舟白水电站项目	新能源和可再生能源	重庆乌江实业（集团）有限公司	Ecosecurities Ltd	239 572
17	酉水石堤水电站项目	新能源和可再生能源	重庆乌江实业（集团）有限公司	Ecosecurities Ltd	1 038 995
18	渔滩水电站项目	新能源和可再生能源	重庆乌江实业（集团）有限公司	Ecosecurities Ltd	74 503
19	重庆钢铁集团公司废气、余压利用发电项目	节能和提高能效	重庆钢铁股份有限公司	Ecosecurities Ltd	388 854
20	重庆鲤鱼塘梯级水电站工程项目	新能源和可再生能源	重庆市水利投资（集团）有限公司	Ecosecurities Ltd	54 887
21	重庆市云阳县门坎滩水电站项目	新能源和可再生能源	重庆市水利投资（集团）有限公司	Ecosecurities Group PLC	118 013

第二节　重庆市基于配额的碳交易管理体系设计

一、碳排放交易体系基本架构

一个完整的碳排放交易体系包含总量上限制度、配额分配制度、交易制度、灵活机制（补偿、借用、储蓄等）、监测报告与核查制度、处罚制度等要素，如图 4.2 所示。

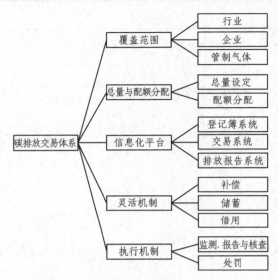

图4.2 碳排放交易体系设计要素

二、重庆市基于配额的碳交易管理体系发展现状

2010年7月，重庆市成为全国首批"低碳经济试点城市"之一，而且重庆也是这批试点城市中唯一一个省级试点区。按照国家发改委的要求，重庆市要推动以低碳为特征的产业体系和消费模式，将重庆建设成为西南地区绿色低碳发展的示范城市。2011年11月14日，国家发改委在北京召开了国家碳排放交易试点工作启动会议，重庆被确定为首批碳排放交易试点城市之一，并提出2013年中国将全面启动以上区域的总量限制碳排放交易，这标志着国内碳交易开始实质性地启动。2011年11月，重庆市政府组织召开了相关专题工作会议，黄奇帆市长作出了"探索市域内碳汇与碳排放冲抵、实施碳交易"的重要指示。2012年3月，国家发改委正式批复了《重庆市低碳试点工作实施方案》，要求积极探索温室气体排放权交易，加快碳排放权交易试点工作。2012年9月，重庆市人民政府印发了《重庆

市"十二五"控制温室气体排放和低碳试点工作方案》，要求着力开展碳排放交易权试点，建立温室气体排放统计制度，建立碳排放权交易登记注册系统、交易平台和监管体系，形成区域性碳排放权交易体系。

近年来，在市委、市政府的关心、支持下，重庆市碳交易试点工作在技术攻关、平台建设等方面取得了初步成效，各科研单位也在积极开展碳交易试点与碳交易市场构建相关研究。在市发改委的牵头组织下，目前重庆市的碳交易试点工作取得了如下进展。

（1）确定了总体模式。重庆市碳排放交易体系应属于基于配额的强制性交易体系，与欧盟排放交易体系 EU-ETS 类似，因此，在进行重庆市碳交易模式和机制设计时，可借鉴 EU-ETS 在机制设计方面的一些具体思路和做法。

（2）明确了覆盖范围。关于重庆市碳交易需要覆盖的行业企业范围，选择规模以上工业企业（如年排放 CO_2 当量超过 2 万吨，或年消耗标煤超过 1 万吨的企业）进入首批试点，初步考虑纳入 6 大行业（冶金、电力、化工、建材、机械、轻工）的规模以上企业。

（3）界定了交易模式。采用配额分配的模式进行交易，但对企业碳排放的存量和增量要区别对待；以 2010 年 12 月 31 日为界限，该时点之前的企业碳排放量为存量，该时点之后，企业由于产能扩大等原因导致的碳排放量的增加为增量。对存量，采用总量上限模式进行控制，要求完成绝对的总量减排目标；对增量，采用基准排放率的方式进行控制，给企业分配的排放配额相当于按照基准排放率的排放水平，若企业实际排放率超过基准排放率，则超过的部分需购买相应的配额。

（4）明确了履约期。"十二五"期间，重庆市碳交易试点体系的履约期分为两个阶段，即 2013—2014 年和 2015 年。各试点企业分别在 2015 年和 2016 年上半年进行合规审核，若企业超标排放而又未购买相应的排放配额指标，则企业未达标，需对未达标企业进行相应的处罚。

（5）重庆市碳交易体系中考虑引入补偿（offset）、储蓄（banking）和借用（borrow）等柔性机制。补偿机制是指排放企业可以购买 CDM 项目的减排指标（CERs）来冲抵自身的排放量；储蓄机制是指排放企业当期结余的排放配额可以转入下一期使用；借用机制是在一个履约期内，排放企业上一年可以借用下一年的排放指标进行超额排放。

重庆市开展碳交易试点工作的政策保障体系（见图 4.3）包含五个层面内容，即：

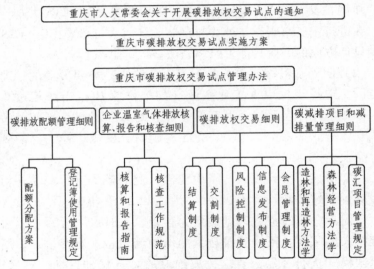

图 4.3　重庆市碳交易管理政策体系

（1）位于第 5 层（底层）的系列标准、指南、规范，包括：碳排放配额分配方案、企业碳排放核算和报告指南、企业碳排放核查工作规范、碳排放权交易结算制度、碳排放权交易交割制度、碳排放权交易信息发布制度、碳排放权交易会员管理制度，等等；

（2）位于第 4 层的碳交易实施细则，包括碳排放配额管理细则、企业温室气体排放核算、报告和核查细则、碳排放权交易细则、碳减排项目和减排量管理细则；

（3）位于第 3 层的重庆市碳排放权交易试点管理办法，对交易主体、配额分配与管理、碳排放核算、报告和核查、碳排放权交易、监管与处罚等碳交易市场要素进行明确界定；

（4）位于第 2 层的重庆市碳排放权交易试点实施方案，由重庆市人民政府办公厅发布；

（5）位于第 1 层的关于开展重庆市碳排放权交易试点的通知，由市人大常委会讨论通过后执行。

三、重庆市典型行业碳交易总体模式设计

综合前文的分析，结合相关部门的实地调研，对重庆市碳排放交易体系的总体模式设计如下：

（1）总体模式。重庆市碳排放交易试点体系属于基于配额的强制交易体系，采取总量上限为主、基准排放为辅的分配方式，允许采用抵偿、储蓄等灵活机制；试点时间为 2013—2015 年。

（2）覆盖范围。重庆市碳交易将从高耗能行业试点（高排放、高强度、高增长），逐步扩展到其他行业。具体地，行业：主要考虑纳入 6 大高能耗行业（冶金、电力、化工、建材、机械、轻工）。试点企业：2008 年起，任一年度排放 CO_2 当量超过 2 万吨，或年消耗标煤超过 1 万吨的企业。报告企业：年排放 CO_2 当量超过 1 万吨，或年消耗标煤超过 5 千吨的企业。

（3）配额分配。政府主管部门为试点企业免费分配排放配额，但要区分存量和增量；以 2010 年 12 月 31 日为界限，该时点之前的企业碳排放量为存量，该时点之后的企业由于产能扩大等导致的碳排放量的增加为增量。对存量，以 2008—2010 年的最高年度排放量作为基准，从 2011 年起逐年递减，一次性分配 2013－2015 各年度配额。对增量，以纳入配额管理年度之前

三年中的最高年度排放量作为基准量，逐年递减，分配 2015 前各年度配额。

（4）履约期。"十二五"期间，重庆市碳交易试点体系的履约期分为两个阶段，即 2013—2014 年和 2015 年。各试点企业分别在 2015 年和 2016 年上半年进行合规审核，若企业超标排放而又未购买相应的排放配额指标，则企业未达标，需对未达标企业进行相应的处罚。

（5）灵活机制。重庆市碳交易试点体系中允许引入抵偿和储蓄等柔性机制。试点企业可使用试点范围外在本市产生的基于项目的减排量（例如碳汇等）抵消碳排放量，使用比例最高不得超过试点企业每个履约期分配的配额总量的 5% ～ 10% 。试点企业的排放配额允许储蓄，即排放企业当期结余的排放配额可以转入下一期使用。

（6）监测、报告与核查。重庆市碳交易试点体系中建立：碳排放监测、报告和核查制度。试点企业和报告企业按年度监测核算碳排放量，在规定时间内提交碳排放报告，由第三方核查机构对碳排放报告进行核查。

（7）处罚制度。对合规审核未达标（超额排放而又未购入排放配额）的企业进行处罚。

第三节　重庆市碳交易信息化平台开发

一、总体架构

重庆市碳交易试点中的信息化平台主要包括重庆市碳排放权注册登记簿系统、碳排放报告系统、碳排放权交易系统等三大系统，系统间通过专门的接口进行连接，形成一个完整的信息处理平台，如图 4.4 所示。

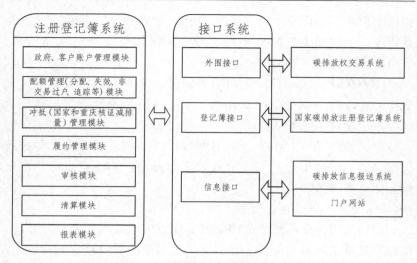

图 4.4　重庆市碳交易信息化平台总体架构

二、重庆市碳排放权注册登记簿系统

重庆市碳排放权注册登记簿系统（以下简称"登记簿系统"），是在重庆市碳排放交易试点体系中，对碳排放配额、碳减排指标、碳减排项目、碳汇项目及其持有单位，进行信息录入、贮存、变更和查询的综合性数据管理系统。

登记簿系统的具体目标包括：① 碳交易试点体系中账户信息录入、变更、贮存、撤销及维护；② 碳减排项目和碳汇项目的注册登记、权属变更以及相关信息维护；③ 碳减排指标、碳汇指标、碳配额指标的信息管理；④ 碳配额指标的总量管理、配发功能及相关信息登记；⑤ 排放企业的配额指标履约、注销及相关信息登记；⑥ 与排放报告系统、碳排放交易系统、国家自愿减排登记簿系统的有效连接。

登记簿系统的具体功能包括：

1. 账户管理

（1）政府管理账户，指为相关政府管理机构开设的管理账户。

实现配额生成、配额分配、合规审核、合规报告、开户审核、指标管理、统计查询、减排项目管理、减排指标注册、发送信息、发布公告等功能。

（2）配额企业账户，指为纳入碳排放总量控制的企业开设的账户。实现账户碳资产信息查询、履约执行、统计查询、接收合规报告、接收信息等功能。

（3）交易所账户，指为交易所开设的账户，其下为参与碳排放交易的非配额企业机构或个人设立子账户。实现碳资产信息记录、统计查询等功能。

2. 配额及减排指标管理

配额及减排指标管理，即系统实现对配额及减排指标的管理。配额及减排指标基本属性包括指标类型、指标有效期、指标状态、指标编码等。

相关管理功能包括配额指标生成、配额指标分配、减排指标加入、指标过期、指标抵消、指标取消、指标过户、配额拍卖、指标抵押质押登记、指标限售等、指标追踪等功能。

3. 项目管理

项目管理，即实现减排项目管理的相关功能，包括项目编号、项目概况、项目提供方、项目业主、项目状态、行业范围、方法学、项目核证单位、预计减排量、注册文件、签发文件等信息的录入、查询、管理。

4. 统计查询

统计查询，即分别为各类型账户实现相应权限的统计查询功能，包括配额企业账户统计查询、政府监管机构账户统计查询和交易所账户统计查询。

5. 数据交换

（1）实现登记簿与交易系统间的连接，按规则实现与交易账户的数据同步、指标过户等。

（2）实现与碳排放报告系统的连接。

（3）可与可充抵的自愿减排登记簿体系连接。

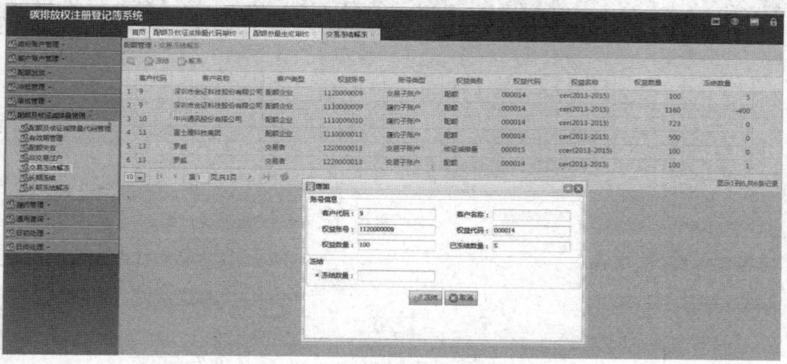

图 4.5 登记簿系统典型功能界面

三、重庆市碳排放报告系统

碳排放报告系统主要完成企业温室气体排放的监测、报告和核查功能。系统登录用户包括企业、核查机构、监管机构和系统管理员等四类用户，不同用户具有不同的操作权限和处理功能。系统管理员具有机构管理和因子管理操作权限，监管机构具有企业管理和报告管理权限，核查机构具有核查企业年度报告权限，企业用户填报年度碳排放报告。

四、重庆市碳排放权交易系统

碳排放权交易系统是支撑重庆市碳交易体系的关键信息系统之一。本系统为重庆排放权交易及其参与者提供信息资讯、实时行情、申报交易、资金转账等信息和交易服务的综合平台。同时本系统还具备完善的管理和监控机制，保障交易所和会员的客户管理、交易管理、资金管理、结算管理、簿记管理等业务的开展；本系统按照交易所资金管理模式与银行联接实现资金划转；本系统与注册登记簿系统连接实现用户数据同步及配额核查等功能。这样可以大大提高交易所业务运行能力，加强业务管理、客户服

图4.6 碳排放排放报告系统典型功能界面

务和交易风险抵御能力。系统的目标包括：满足标准化标的交易；满足一定的市场流动性需求；较低的交易成本；价格形成机制的有效性；回避政策限制；交易模式的可拓展性；结合合适的商业模式。

碳排放权交易系统的主要功能（见图4.7）有四方面。

1. 核心业务系统

核心业务系统，包括存管簿记子系统、交易订单子系统、交易清算子系统、数据服务中心、系统管理子系统及撮合匹配子系统。

2. 代理开户终端

代理开户终端，指为投资者开设账户，并将会员户资料输入到交易所系统中以及交易账户与权益账号的绑定，并可实现会员信息维护、会员状态设置、会员销户、成交信息查询等功能。

3. 网上交易终端（经纪会员、投资者）

网上交易终端是提供给经纪会员、投资者使用的客户端软件，经纪会员和投资者可从交易所网站下载安装。会员可通过网上交易终端以协议转让、电子化协议交易、电子拍卖、集中竞价、大宗交易、定价点选等交易方式参与不同权益品种的交易，可以进行资金转入转出、密码修改操作，同时可查询自己的资金余额、配额余额、历史申报、历史成交、历史行情以及披露信息等。

4．行情分析系统

行情分析系统，提供竞价交易模式的行情走势，实时发布及展示权益品种的成交价，成交量信息。

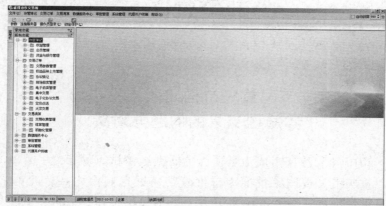

图4.7　碳排放权交易系统典型功能界面

第五章　中国建设碳交易市场的政策建议

第一节　重庆市构建碳交易市场、实施碳交易的问题与对策

2010 年，重庆市成为全国首批低碳经济试点城市之一；2011 年，重庆市又被国家批准为首批碳交易试点城市之一。近年来，重庆市在推进碳交易市场建设方面做了大量工作，取得了一定成效，但距离在碳交易领域发挥带头示范作用仍存在一些差距。经过分析研究，我们认为主要问题在于重庆市的碳交易市场基础能力建设有待进一步加强、碳交易试点工作统筹安排不足、试点企业参与积极性不高。针对这些问题，我们提出三点建议：① 构建碳交所，引入咨询机构，培养相关专业人才；② 统筹安排，整合行政、科研等各方资源，形成推动碳交易市场建设的合力；③ 发挥政府主导作用，制定相关政策文件，提高企业参与碳交易的积极性。

一、必要性与迫切性

中国作为世界第一碳排放大国，在国际社会承担着巨大的减排压力。为了促进我国的生态文明建设、履行碳减排责任，国家把加快调整经济结构、转变经济发展方式作为一项重要战略。其中，推行碳排放交易是一项重要举措。2011 年 3 月，国家"十二

五"规划纲要明确提出，要在"十二五"期间逐步建立碳排放交易市场；2011 年 8 月，国务院下发《"十二五"节能减排综合性工作方案》，提出"开展碳排放交易试点，建立自愿减排机制，推进碳排放权交易市场建设"；2011 年 11 月，国务院新闻办公室发布《中国应对气候变化的政策与行动（2011）》白皮书，提出"逐步建立碳排放交易市场，包括逐步建立跨省区的碳排放交易体系"；2012 年 11 月，党的十八大报告提出，"把生态文明建设放在突出地位，努力建设美丽中国，实现中华民族永续发展"，并再次强调："要积极开展节能量、碳排放权、排污权、水权交易试点"；2013 年 3 月，温家宝同志在政府工作报告中指出，要"建立生态补偿制度，开展排污权和碳排放权交易试点……；着力推进绿色发展、循环发展、低碳发展……；降低能耗、物耗和二氧化碳排放强度"。在政府的大力支持下，我国的碳交易市场建设迎来了千载难逢的发展机遇。

二、机遇与现状

重庆市在推进碳交易市场建设方面存在良好契机。2010 年 7 月，重庆市成为全国首批"低碳经济试点城市"之一，而且，重庆也是这批试点城市中唯一一个省级试点区；按照国家发改委的要求，重庆市要推动以低碳为特征的产业体系和消费模式，将重庆建设成为西南地区绿色低碳发展的示范城市。2011 年 11 月，国家发改委在北京召开了国家碳排放交易试点工作启动会议，重庆被确定为首批碳排放交易试点城市之一，并提出 2013 年中国将全面启动试点区域的总量限制碳排放交易，这标志着国内碳交易开始实质性地启动。2012 年 3 月，国家发改委正式批复了《重庆市低碳试点工作实施方案》，要求重庆市开展包含能源、产业、建筑、交通、技术等重点领域在内的低碳试点建设；制定地方低碳技术规范和标准、推行产品碳标准认证和碳标识制度，推动碳排放权交易试点工作。国家的大力支持，为重庆市构建碳交易市场、实施碳交易提供了良好机遇。

近年来，在市委、市政府的关心、支持下，碳交易试点工作在技术攻关、平台建设等方面取得了初步成效，各科研单位也在积极开展碳交易试点与碳交易市场构建相关研究。目前，重庆市科学技术研究院（以下简称"重科院"）正以课题牵头单位资格承担由国家科技部和国家发改委共同组织的国家"十二五"科技支撑计划项目"气候变化国际谈判与国内减排关键支撑技术研究与应用"课题12——"碳排放交易支撑技术研究与示范"的研究工作。该科技支撑项目包括12个课题，分别由清华大学、北京大学、国务院参事室、国家发改委能源研究所、国家气候中心、中国科技交流中心以及重科院等7家单位牵头承担完成。其中，重科院是该项目所有课题承担单位中的唯一一家地方科研机构。重科院正与重庆市联合产权交易所、重庆交通大学等单位合作，开展重庆市碳排放交易平台支撑技术的研究工作。课题的研究成果将为碳交易试点向全国范围的推广应用以及支撑气候变化国际谈判提供必要支持。然而，课题组在开展研究的过程中发现，与同为首批碳交易试点省市的北京、上海、广东等地区相比，重庆市推进碳交易的进程并不具备领先优势。经过近两年的深入研究，课题组指出了重庆市碳交易试点工作中有待进一步解决的问题，并提出了相应的对策建议。

三、面临的主要问题

1. 碳交易市场基础能力建设有待提高

当前，重庆市在碳交易市场建设方面，所需的碳交易相关咨询服务机构、监管核证机构、专业从业人员等力量还不能满足发挥带头示范作用的要求。以碳交易领域开展情况相对较好的清洁发展机制（CDM）项目为例，在国内开展CDM项目开发服务的咨询机构有85家，北京、上海等较多，重庆较少，相关专业人才不足。以开展环境产权交易的组织平台为例，北京、上海、天津等城市早在 2008 年就建立了环境交易所、排放权交易所等专门的服务机构，而重庆还没有专门的排放权交易所。这些硬件方面的缺陷限制了本地区碳交易市场建设，对未来碳交易市场良性运行也会产生较大影响。

2. 碳交易市场建设尚未形成合力

碳交易市场建设涉及多家政府部门，如市科委、发改委、经信委、国资委、环保局、统计局等，这些部门都与碳交易市场建设的某些方面存在关联，但各部门之间的协调配合较为困难，部门所掌握的资源难以共享并被其他单位所用，合作效率不高。同时，我市参与碳交易市场研究的单位包括科研院所、高校以及咨询机构等多家研究机构，所开展的研究工作都是针对碳交易这一主题，存在一定的重叠性，如能分工合作，避免各自为战、单打独斗，则效率会更高。

3. 试点企业参与碳排放交易积极性不高

相关研究机构的调查表明，我市钢铁、水泥等高能耗、高排放企业大多不愿参与碳交易试点，缺乏积极性。市内多数企业对碳交易的认识不够，甚至并不知道什么是碳交易；而对碳交易有所了解的企业，由于考虑到参与碳交易所承担的减排责任可能会对企业的生产经营带来不利影响，都消极躲避，不愿配合碳交易试点的相关工作，在很大程度上影响碳交易市场的建设与运行。

四、重庆市加快构建碳交易市场、推进实施碳交易的对策建议

1. 构建碳排放交易所，引入咨询机构，培养相关专业人才

碳交易的实施是一项专业性很强的工作，需要专门的交易平台、咨询服务机构和专业人才。建议由市国资委或金融办牵头，依托重庆联合产权交易所，积极推进重庆市碳排放权交易所的建设。同时，加快重庆市碳交易信息化平台构建，引进或组建碳交易服务咨询机构，培养相关专业人才，建设碳交易专家队伍，为

我市碳交易市场建设提供政策、技术、交易机制设计、市场信息咨询等多方面支持，协助试点企业参与碳交易工作，促进我市碳交易市场建设和良性运行。

2. 统筹安排，整合行政、科研等各方资源，形成推动碳交易市场建设的合力

建议由市政府牵头成立重庆市碳交易市场建设领导小组，成员单位包括市科委、发改委、经信委、国资委、环保局、统计局等相关行政部门，以及开展碳交易研究的相关科研院所、高校、咨询机构等，加大市内各相关部门对碳交易研究和平台建设的支持，统筹安排，分工合作，共同推动我市碳交易市场建设。

3. 发挥政府主导作用，制定相关政策文件，提高企业参与碳交易的积极性

建议加强碳交易相关政策知识的宣传交流，由政府主管部门召集相关企业领导参加碳交易研讨班，了解碳交易的运作程序，解答企业疑问，让企业深刻认识到开展碳交易的意义和必要性，鼓励引导企业培养自己的专业人员，提高试点企业主动参与碳交易的意愿。建议依托重庆市科学技术研究院成立市碳交易技术服务中心，在领导小组的指导下，为我市碳交易工作提供宣传、培训、技术审核等服务。另外，由于我市的碳交易市场主要属于基于配额的强制交易体系，政府行政力量的推动将对企业参与碳交易起到关键作用。因此，建议尽快制定具有行政约束力的政策和法规，让参与试点企业有章可循，有法可依，逐步推动碳交易市场的形成和发展。

第二节　中国构建统一碳交易市场的难点与对策

一、难点分析

根据前面的对比分析可以看出，中国要建立全国统一碳交易

市场还存在一定困难。

（1）由于各地区在经济发展水平和温室气体排放量方面存在较大差异，目前各试点地区在排放控制目标、覆盖行业和纳入企业标准方面存在明显差异，难以从全国层面制定统一的无差别化的标准供各地区来执行。

（2）目前各地区均制定了本区域内的配额分配方法，这些分配方法各不相同，仅能满足本区域内开展碳交易的需要；若要实现跨区域交易，必须从全国层面制定统一的配额分配方法，从"量"（分配多少）和"价"（有偿或无偿）两个方面寻求公平一致的分配方案。

（3）目前各地区均制定了本区域内的 MRV 体系，涉及不同行业，在核算边界和温室气体种类上也有所不同，要建立全国统一的碳交易市场，应有全国层面上统一的 MRV 体系标准。

（4）目前各地区开展碳交易都是在本地的区域性平台上进行，所开发的登记簿系统、碳排放报告系统、碳交易系统也各不相同，要建立全国统一的碳交易市场应从全国层面建设一个统一的交易平台和信息化平台。

（5）碳交易在中国还是新生事物，在碳交易市场建设方面，所需的碳交易相关咨询服务机构、监管核证机构、专业从业人员等力量还较为薄弱；在碳交易试点前，中国并未实施碳排放报告制度，准确获取试点企业的碳排放数据存在困难。

（6）试点企业对"碳交易"概念模糊甚至不懂的情况普遍存在，碳交易没有得到企业足够的重视，导致某些企业在开展碳交易工作上不够积极；试点企业统计制度不完善，给碳排放的报告和核查工作带来了障碍；试点企业缺乏碳交易相关管理部门和专业人才，一旦碳交易正式开始，企业会面临困境。

（7）只有专门的法律法规才能明晰碳排放产权，保障碳交易市场机制的建立与完善，保护交易双方的合法权益；但目前我国缺少碳交易相关法律法规，缺乏实施碳交易的法律保障。

（8）碳交易产品是虚拟的排放权，碳交易的整个流程包括配额的设定、排放报告与核查、交易、履约等，都需要政府监管机构发挥强有力的作用；但目前，我国并未建立起有效的碳交易监管制度和监管体系，容易使碳交易缺乏公平性与公正性，在碳排放权的初始分配、配额交易过程和交易信息安全性方面都可能出现问题。

二、对策建议

针对中国建立全国统一碳交易市场面临的困难，提出以下建议供参考：

（1）自顶向下，建立国家统一市场与地方独立管理的碳交易市场体系，允许在国家统一市场下各省之间的差别化情况存在（如国家统一确定碳交易覆盖的行业和纳入标准，但允许各地区在减排目标、纳入行业等方面有所区别）；

（2）加快能力建设，培养国内碳交易相关咨询服务机构、核查机构和专业技术人员；

（3）尽快构建全国统一的 MRV 体系，使不同地区的温室气体排放报告和核查有相同的标准可遵循；

（4）尽快启动实施企事业单位碳排放报告制度，覆盖尽可能多的行业和组织；

（5）号召企事业单位主动培养本单位碳交易相关技术人员和从业人员，尽快完善本单位能源统计制度和温室气体排放核算制度；

（6）从全国层面构建统一的碳交易平台和信息化平台；

（7）以人大立法的方式或以政府规章制度的方式引入相关碳交易相关管理办法；

（8）明确碳交易市场监管机构，制定碳交易市场监管法规，完善碳交易信息披露制度，对碳交易市场的运作进行定期调查和评估。

参考文献

[1] ANTHONY TH CHIN, PENG ZHANG. Carbon emission allocation methods for the aviation sector [J]. Journal of Air Transport Management, 2013, 28 (1): 70 -76.

[2] BW ANG, FL LIU. A new energy decomposition method: perfect in decomposition and consistent in aggregation [J]. Energy, 2001 (26): 537 -548.

[3] BW ANG, FQ ZHANG, A survey of index decomposition analysis in energy and environmental studies [J]. Energy, 2000 (25): 1149 -1176.

[4] CLAUDIA S, LETICIA, O. Using logarithmic mean Divisia index to analyze changes in energy use and carbon dioxide emissions in Mexico's iron and steel industry. Energy Economics, 2012 (32): 1337 -1344.

[5] CHU WEI, JINLAN NI, LIMIN DU. Regional allocation of carbon dioxide abatement in China [J]. China Economic Review, 2012, 23 (1): 552 -565.

[6] DU J, LIANG L, ZHU J. Aslacks - based Measure of Super - efficiency in Data Envelopment Analysis: A Comment [J]. European Journal of Operational Research, 2010, 204 (3): 694 -697.

[7] EERO PALOHEIMO, OLLI SALMI. Evaluating the carbon emissions of the low carbon city: A novel approach for consumer based allocation [J]. CITIES, 2013, 30 (1): 233 -249.

[8] ELEANOR DENNY, MARK O'MALLEY. The impact of carbon prices on generation - cycling costs. Energy Policy, 2009 (37): 1204 -1212.

[9] ENZO E SAUMA. Valuation of the Economic Impact of the Initial Allocation of Tradable Emission Permits in Air Pollution Control [J]. Journal of Energy En-

gineering, 2011, 137 (1): 11 −21.

[10] ERIN BAKER, LEON CLARKE, EKUNDAYO SHITTU. Technical change and the marginal cost of abatement [J]. Energy Economics, 2008, 30 (1): 2799 −2816.

[11] FARE R, GROSSKOPF S. Directional Distance Functions and Slacks − based Measures of Efficiency [J]. European Journal of Operational Research, 2010, 200 (1): 320 −322.

[12] GÜRKAN K. A sectoral decomposition analysis of Turkish CO_2 emissions over 1990 −2007. Energy, 2011 (36): 2419 −2433.

[13] HAMMOND G P, NORMAN J B. Decomposition analysis of energy − related carbon emissions from UK manufacturing. Energy, 2012 (41): 220 −227.

[14] HENGGANG REN, XIANG FU, XIAOHONG CHEN. Regional variation of energy − related industrial CO_2 emissions mitigationin China [J]. China Economic Review, 2012 (23): 1134 −1145.

[15] J MYERS, L NAKAMURA. Saving Energy in Manufacturing, Ballinger, Cambridge, MA, 1978.

[16] KE WANG, XIAN ZHANG, YI − MING WEI, ET AL. Regional allocation of CO_2 emissions allowance over provinces in China by2020 [J]. Energy Policy, 2013, 154 (1): 214 −229.

[17] LI WEI. The Impact of Economic Reform on the Performance of Chinese State Enterprises, 1980 − 1989 [J]. Journal of Political Economy, 1997, 105 (5): 1080 −1106.

[18] LUCIANO CHARLITADE FREITAS, SHINJI KANEKO. Decomposition of CO_2 emissions change from energy consumption in Brazil: Challenges and policy implications [J]. Energy Policy, 2011 (39): 1495 −1504.

[19] PETER JOHN WOOD, FMNK JOTZO. Price floors for emissions trading [J]. Energy Policy, 2011 (39): 1746 −1753.

[20] QIAO − MEI LIANG, YI − MING WEI. Distributional impacts of taxing carbon in China: Results from the CEEPA model [J]. Applied Energy, 2012, 92 (1): 545 −551.

[21] ROLF GOLOMBEK, SVERRE AC KITTELSEN, KNUT EINAR ROSEN-

DAHL. Price and welfare of emission quota allocation [J]. Energy Economics, 2013, 36 (1): 568 - 580.

[22] SHENGGANG REN, XIANG FU, XIAOHONG CHEN. Regional variation of energy - related industrial CO_2 emissions mitigation in China [J]. China Economic Review, 2012 (23): 1134 - 1145

[23] STEVE SORRELL, ET AL. Decomposing road freight energy use in the United Kingdom [J]. Energy Policy, 2009, 37 (8): 3115 - 3129.

[24] TAO SUN, HONG-WEI ZHANG, YUAN WANG. The application of information entropy in basin level water waste permits allocation in China [J]. Resources, Conservation and Recycling, 2013, 70 (1): 50 - 54.

[25] WEI D, ROSE A. Interregional sharing of energy conservation targets in China: Efficiency and equity [J]. Energy Journal, 2009, 30 (1): 81 - 112.

[26] CHU WEI, JINLAN NI, LIMIN DU. Regional allocation of carbon dioxide abatement in China [J]. China Economic Review, 2012, 23 (1): 552 - 565.

[27] WEN - JING YI, LE - LE ZOU, JIE GUO, ET AL. How can China reach its CO_2 intensity reduction targets by2020? A regional allocation based on equity and development [J]. Energy Policy, 2011, 39 (1): 2407 - 2415.

[28] WORLD BANK. State and Trends of the Carbon Market2012 [R]. Washington D C, 2012.

[29] JIE-TING ZHOU, MAO-SHENG DUAN, CHUN-MEI LIU. Output - based Allowance Allocations under China's Carbon Intensity Target [J]. Energy Procedia, 2011, 5 (1): 1904 - 1909.

[30] 常世彦, 胡小军, 欧训民, 等. 我国城市间客运交通能源消耗趋势的分解 [J]. 中国人口资源与环境, 2010, 20 (3): 24 - 29.

[31] 陈诗一. 中国的绿色工业革命: 基于环境全要素生产率视角的解释 (1980—2008) [J]. 经济研究, 2010 (11): 21 - 34.

[32] 陈诗一. 中国碳排放强度的波动下降模式及经济解释 [J]. 世界经济, 2011 (4): 124 - 143.

[33] 陈诗一, 吴若沉. 经济转型中的结构调整、能源强度降低与二氧化碳减排: 全国及上海的比较分析 [J]. 上海经济研究, 2011 (4): 10 - 23.

[34] 陈文颖，吴宗鑫，何建坤. 全球未来碳排放权"两个趋同"的分配方法 [J]. 清华大学学报：自然科学版，2005，45（6）：850－857.

[35] 丁仲礼，段晓男，葛全胜，等. 2050年大气CO_2浓度控制：各国排放权计算 [J]. 中国科学（D辑：地球科学），2009，39（8）：1009－1027.

[36] 段茂盛，庞韬. 碳排放权交易体系的基本要素 [J]. 中国人口·资源与环境，2013，23（3）：110－117.

[37] 范英，张晓兵，朱磊. 基于多目标规划的中国二氧化碳减排的宏观经济成本估计 [J]. 气候变化研究进展，2010，6（2）：130－135.

[38] 冯泰文，孙林岩，何哲. 技术进步对中国能源强度调节效应的实证研究 [J]. 科学学研究，2008，26（5）：987－993.

[39] 姜国刚，韩乐江. 碳减排发展机制的国际比较及经验借鉴 [J]. 学术交流，2011（12）：92－94.

[40] 柯兴，吴克明，丁倩倩，等. 基于基尼系数法的区域水污染分配研究 [J]. 工业安全与环保，2012，238（2）：53－56.

[41] 雷立均，荆哲峰. 国际碳交易市场发展对中国的启示 [J]. 中国人口·资源与环境，2011，21（4）：30－36.

[42] 李继峰，张亚雄. 我国"十二五"时期建立碳交易市场的政策思考 [J]. 气候变化研究进展，2012，8（2）：137－143.

[43] 林坦，宁俊飞. 基于零和DEA模型的欧盟国家碳排放权分配效率研究 [J]. 数量经济技术经济研究学，2011，3（1）：36－50.

[44] 李如忠，舒琨. 基于基尼系数的水污染负荷分配模糊优化决策模型 [J]. 环境科学学报，2010，30（7）：1518－1526.

[45] 李通. 碳交易市场的国际比较研究 [D]. 长春：吉林大学，2012.

[46] 刘耀，吴仁海，廖瑞雪. 大气污染总量分配公平性评价研究 [J]. 环境科学与管理，2007，32（9）：159－162.

[47] 刘颖，谢荫，丁勇. 对基尼系数计算方法的比较与思考 [J]. 统计与决策，2004，9（1）：15－16.

[48] 刘英，张征，王震. 国际碳金融及衍生品市场发展与启示 [J]. 新金融，2010（10）：38－43.

[49] 娄伟. 城市碳排放量测算方法研究——以北京市为例 [J]. 华中科技大学学报：社会科学版，2011，5（3）：104－110.

[50] 卢洪友，郑法川，贾莎. 前沿技术进步、技术效率和区域经济差距 [J]. 中国人口·资源与环境，2012 (5)：120 - 125.

[51] 骆华，赵永刚，费方域. 国际碳排放权交易机制比较研究与启示 [J]. 经济体制改革，2012 (2)：153 - 157.

[52] 马瑞永. 经济增长收敛机制：理论分析与实证研究 [D]. 杭州：浙江大学，2006.

[53] 马涛，东艳，苏庆义，等. 工业增长与低碳双重约束下的产业发展及减排路径 [J]. 世界经济，2011 (8)：19 - 43.

[54] 牛鸿蕾，江可申. 工业结构与碳排放的关联性——基于江苏省的实证分析 [J]. 技术经济，2012，31 (6)：76 - 83.

[55] 彭俊铭，吴仁海. 基于 LMDI 的珠三角能源碳足迹因素分解 [J]. 中国人口·资源与环境，2012，22 (2)：69 - 74.

[56] 邵诗洋. 浅论碳排放交易制度 [J]. 中国人口·资源与环境，2011，21 (1)：153 - 156.

[57] 宋海云，蔡涛. 碳交易：市场现状、国外经验及中国借鉴 [J]. 生态经济，2013 (1)：74 - 77.

[58] 孙作人，周德群，周鹏. 工业碳排放驱动因素研究：一种生产分解分析新方法 [J]. 数量经济技术经济研究，2012 (5)：63 - 74.

[59] 苏利阳，王毅，汝醒君，等. 面向碳排放权分配的衡量指标的公正性评价 [J]. 生态环境学报，2009，18 (4)：1594 - 1598.

[60] 佟新华. 中国工业燃烧能源碳排放影响因素分解研究 [J]. 吉林大学社会科学学报，2012，52 (4)：151 - 160.

[61] 王灿，陈吉宁，邹骥. 基于 CGE 模型的 CO_2 减排对中国经济的影响 [J]. 清华大学学报：自然科学版，2005，45 (12)：1621 - 1624.

[62] 王栋，潘文卿，刘庆. 中国产业 CO_2 排放的因素分解：基于 LMDI 模型 [J]. 系统工程理论与实践，2012，32 (6)：1193 - 1203.

[63] 王婷. 工业碳排放的产业差异及减排路径分析 [J]. 经营与管理，2012 (7)：68 - 70.

[64] 王文军，庄贵阳. 碳排放权分配与国际气候谈判中的气候公平诉求 [J]. 外交评论，2012，1 (1)：72 - 84.

[65] 王毅刚，葛兴安，邵诗洋，等. 碳排放交易制度的中国道路——国际实

践与中国应用 [M]. 北京：经济管理出版社，2011.

[66] 肖艳，李晓雪. 新西兰碳排放交易体系及其对我国的启示 [J]. 北京林业大学学报：社会科学版，2012，11 (3)：62 - 68.

[67] 徐大丰. 碳生产率的差异与低碳经济结构调整—基于沪陕投入产出表的比较研究 [J]. 上海经济研究，2012 (11)：55 - 64.

[68] 许广月. 碳排放收敛性：理论假说和中国的经验研究 [J]. 数量经济技术经济研究，2010 (9)：31 - 42.

[69] 杨帆. 国际碳定价机制研究及其启示 [J]. 商业时代，2012 (4)：7 - 9.

[70] 杨骞，刘华军. 中国碳强度分布的地区差异与收敛性 [J]. 当代财经，2012 (2)：87 - 98.

[71] 袁濠，盛巧燕，马桢干. 我国碳排放的产业分布特征分析 [J]. 海南金融，2012 (11)：33 - 35.

[72]《运筹学》教材编写组. 运筹学 [M]. 北京：清华大学出版社，2008：445 - 447.

[73] 岳书敬. 基于低碳经济视角的资本配置效率研究 [J]. 数量经济技术经济研究，2011 (4)：110 - 123.

[74] 张纪录. 区域碳排放因素分解及最优低碳发展情景分析——以中部地区为例 [J]. 经济问题，2012 (7)：126 - 129.

[75] 张秋菊，王平，朱帮助. 基于 LMDI 的中国能源消费碳排放强度变化因素分解 [J]. 数学的实践与认识，2012，42 (13)：79 - 86.

[76] 赵道致，高帅，何龙飞. 随机产出下基于 CDM 基准线选择的多企业碳减排博弈 [J]. 工业工程，2012，15 (3)：1 - 6.

[77] 赵智敏，朱跃利，汪霄，等. 浅析构建中国碳交易市场的基本条件 [J]. 生态经济，2011 (4)：70 - 72.

[78] 庄彦，蒋莉萍，马莉. 美国区域温室气体减排行动的运作机制及其对电力市场的影响 [J]. 能源技术经济，2010，22 (8)：31 - 36.